高职高专院校"十二五"精品示范系列教材（软件技术专业群）

Flash CS6 案例教程

主　编　翟　慧　张　慧

副主编　李纪云　孙　杰　徐庆军

主　审　张滨燕

中国水利水电出版社
www.waterpub.com.cn

内 容 提 要

本书由浅入深地介绍了 Flash CS6 软件的各种功能，并加强了利用 ActionScript 3.0 脚本语言开发交互动画的基础知识和制作方法的讲解。在知识点讲解的过程中配合大量实例和详细的操作步骤。按照国家对高职高专培养应用型人才的技能水平和知识结构的要求，全书采用案例教学法和启发式教学法为编写主线，以"案例制作+介绍软件功能+习题"的结构体系构建内容。

本书教学内容系统全面、清晰易懂、实用性强，可作为本科院校、高职高专院校、成人教育院校、中等职业院校、各类培训机构的教材或教学参考书，也可供对 Flash 感兴趣的广大计算机用户阅读参考。

本书提供电子教案和源文件，读者可以从中国水利水电出版社网站以及万水书苑下载，网址为：http://www.waterpub.com.cn/softdown 或 http://www.wsbookshow.com/。

图书在版编目（CIP）数据

Flash CS6案例教程 / 翟慧，张慧主编. -- 北京：
中国水利水电出版社，2014.3（2018.7重印）
  高职高专院校"十二五"精品示范系列教材. 软件技
术专业群
  ISBN 978-7-5170-1770-7

  Ⅰ. ①F… Ⅱ. ①翟… ②张… Ⅲ. ①动画制作软件—
高等职业教育—教材 Ⅳ. ①TP391.41

  中国版本图书馆CIP数据核字(2014)第038520号

策划编辑：祝智敏　责任编辑：陈 洁　加工编辑：田新颖　封面设计：李 佳

书　　名	高职高专院校"十二五"精品示范系列教材（软件技术专业群） **Flash CS6 案例教程**
作　　者	主　编　翟慧　张慧 副主编　李纪云　孙 杰　徐庆军 主　审　张滨燕
出版发行	中国水利水电出版社 （北京市海淀区玉渊潭南路1号D座　100038） 网址：www.waterpub.com.cn E-mail：mchannel@263.net（万水） 　　　　sales@waterpub.com.cn 电话：（010）68367658（发行部）、82562819（万水）
经　　售	北京科水图书销售中心（零售） 电话：（010）88383994、63202643、68545874 全国各地新华书店和相关出版物销售网点
排　　版	北京万水电子信息有限公司
印　　刷	三河市铭浩彩色印装有限公司
规　　格	184mm×240mm　16开本　18.5印张　406千字
版　　次	2014年3月第1版　2018年7月第3次印刷
印　　数	6001—8000册
定　　价	38.90元

编审委员会

序

为贯彻落实全国教育工作会议精神和《国家中长期教育改革和发展规划纲要（2010—2020年）》和《关于"十二五"职业教育教材建设的若干意见》（教职成〔2012〕9号）文件精神，充分发挥教材建设在提高人才培养质量中的基础性作用，促进现代职业教育体系建设，全面提高职业教育教学质量，中国水利水电出版社在集合大批专家团队、一线教师和技术人员的基础上，组织出版"高职高专院校'十二五'精品示范系列教材（软件技术专业群）"职业教育系列教材。

在高职示范校建设初期，教育部就曾提出："形成500个以重点建设专业为龙头、相关专业为支撑的重点建设专业群，提高示范院校对经济社会发展的服务能力。"专业群建设一度成为示范性院校建设的重点，是学校整体水平和基本特色的集中体现，是学校发展的长期战略任务。专业群建设要以提高人才培养质量为目标，以一个或若干个重点建设专业为龙头，以人才培养模式构建、实训基地建设、教师团队建设、教学资源库建设为重点，积极探索工学结合教学模式。本系列教材正是配合专业群建设的开展推出，围绕软件技术这一核心专业，辐射学科基础相同的软件测试、移动互联应用和软件服务外包等专业，有利于学校创建共享型教学资源库、培养"双师型"教师团队、建设开放共享的实验实训环境。

此次精品示范系列教材的编写工作力求：集中整合专业群框架，优化体系结构；完善编者结构和组织方式，提升教材质量；项目任务驱动，内容结构创新；丰富配套资源，先进性、立体化和信息化并重。本系列教材的建设，有如下几个突出特点：

（1）集中整合专业群框架，优化体系结构。联合河南省高校计算机教育研究会高职教育专委会及二十余所高职院校专业教师共同研讨、制定专业群的体系框架。围绕软件技术专业，囊括具有相同的工程对象和相近的技术领域的软件测试、移动互联应用和软件服务外包等专业，采用"平台+模块"式的模式，构建专业群建设的课程体系。将各专业共性的专业基础课作为"平台"，各专业的核心专业技术课作为独立的"模块"。统一规划的优势在于，既能规避专业内多门课程中存在重复或遗漏知识点的问题，又能在同类专业间优化资源配置。

（2）专家名师带头，教产结合典范。课程教材研究专家和编者主要来自于软件技术教学领域的专家、教学名师、专业带头人，以最新的教学改革成果为基础，与企业技术人员合作共同设计课程，采用跨区域、跨学校联合的形式编写教材。编者队伍对教育部倡导的职业教育教学改革精神理解的透彻准确，并且具有多年的教育教学经验及教产结合经验，准确地对相关专业的知识点和技能点进行横向与纵向设计、把握创新型教材的定位。

（3）项目任务驱动，内容结构创新。软件技术专业群的课程设置以国家职业标准为基础，以软件技术行业工作岗位群中的典型事例提炼学习任务，体现重点突出、实用为主、够用为度的原则，采用项目驱动的教学方式。项目实例典型、应用范围较广，体现技能训练的针对性，突出实用性，体现"学中做"、"做中学"，加强理论与实践的有机融合；文字叙述浅显易懂，增强了教学过程的互动性与趣味性，相应地提升教学效果。

（4）资源优化配套，立体化信息化并重。每本教材编写出版的同时，都配套制作电子教案；大部分教材还相继推出补充性的教辅资料，包括专业设计、案例素材、项目仿真平台、模拟软件、拓展任务与习题集参考答案。这些动态、共享的教学资源都可以从中国水利水电出版社的网站或万水书苑上免费下载，为教师备课、教学以及学生自学提供更多更好的支持。

教材建设是提高职业教育人才培养质量的关键环节，本系列教材是近年来各位作者及所在学校、教学改革和科研成果的结晶，相信它的推出将对推动我国高职电子信息类软件技术专业群的课程改革和人才培养发挥积极的作用。我们感谢各位编者为教材的出版所作出的贡献，也感谢中国水利水电出版社为策划、编审所作出的努力！最后，由于该系列教材覆盖面广，在组织编写的过程中难免有不妥之处，恳请广大读者多提宝贵建议，使其不断完善。

教材编审委员会
2013 年 12 月

前　　言

Flash CS6 是 Adobe 公司最新推出的一款优秀的交互式矢量动画制作和多媒体应用开发软件，拥有庞大的用户群，被广泛应用于娱乐短片、广告制作、网页设计、电子相册制作、MTV 制作、导航条、小游戏、多媒体课件制作等多个领域。由于其强大的动画创作能力，已经成为动画设计的首选软件。

本书从教学实际需要及应用的角度出发，由浅入深地介绍了 Flash CS6 软件的各种功能，并加强了利用 ActionScript 3.0 脚本语言开发交互动画的基础知识和制作方法的讲解。本书共分 11 章：

第 1 章　认识 Flash。首先对什么是 Flash 及其应用领域进行介绍，然后讲解了 Flash 中的基本概念、工作界面、文档基本操作和工作环境设置等内容。

第 2 章　图形的绘制与编辑。主要讲解了使用工具绘制图形并对图形进行编辑。

第 3 章　文本编辑。主要讲解了文本类型及文本的使用。

第 4 章　元件、实例与库。首先讲解了元件、实例与库的基本概念，其次讲解元件的类型及如何创建、编辑元件和实例，最后介绍了库的使用。

第 5 章　外部素材的应用。主要讲解了外部图像、音频及视频的导入与编辑。

第 6 章　基本动画制作。主要讲解了逐帧动画、补间形状动画、传统补间动画及补间动画的原理及制作。

第 7 章　特殊动画制作。主要讲解了遮罩动画、引导层动画、场景动画、骨骼动画的原理及制作。

第 8 章　ActionScript 3.0 入门。主要介绍了什么是 ActionScript 及其版本分类、重点讲解了 ActionScript 3.0 的编程基础、事件及事件侦听器的使用。

第 9 章　ActionScript 3.0 提高。主要介绍了面向对象编程基础、重点讲解了 ActionScript 3.0 中常用的类及它们的应用。

第 10 章　组件的应用。主要介绍了什么是组件、组件的类型及常用组件的应用。

第 11 章　动画测试与发布。主要讲解了动画的测试、优化与发布。

本书教学内容系统全面、清晰易懂、实用性强，可作为本科院校、高职高专院校、成人教育院校、中等职业院校、各类培训机构的教材或教学参考书，也可供对 Flash 感兴趣的广大计算机用户阅读参考。

本书教学资源包中包括本书中涉及的所有案例、课后操作题的源文件和素材及课后习题答案，读者可以配合书中的讲解来学习，会达到更好的效果，同时还为用书教师提供授课课件以满足教学需要。

本书由河南职业技术学院翟慧、中州大学张慧任主编，河南职业技术学院李纪云和孙杰、内蒙古科技大学徐庆军任副主编，全书由翟慧统稿，由河南职业技术学院张滨燕主审，其中，第 1、2 章由李纪云编写，第 3、4 章由李娜编写，第 5 章由王维哲编写，第 6 章由赵建峰编写，第 7 章由孙杰编写，第 8、9 章由翟慧编写，第 10 章由张维编写，第 11 章由潘晓萌、牛志玲、张素青编写。

同时也感谢中国水利水电出版社的祝智敏对本书付出的辛勤工作，以及出版社其他相关工作人员的大力支持。

由于编者水平有限，本书疏漏或不妥之处在所难免，恳请广大读者批评、指正。

编　者

2014 年 1 月

目　录

前言

第1章　认识 Flash ……………………………… 1

1.1　Flash 概述 ………………………………… 1

　　1.1.1　动画的形成 …………………………… 1

　　1.1.2　什么是 Flash ………………………… 2

1.2　Flash 的应用领域 ………………………… 2

　　1.2.1　网站动画 ……………………………… 2

　　1.2.2　Flash 广告 …………………………… 3

　　1.2.3　Flash 贺卡 …………………………… 3

　　1.2.4　Flash MTV …………………………… 3

　　1.2.5　Flash 游戏 …………………………… 3

　　1.2.6　教学课件 ……………………………… 4

1.3　Flash 中的基本概念 ……………………… 4

　　1.3.1　矢量图和位图 ………………………… 4

　　1.3.2　场景、舞台和帧 ……………………… 5

1.4　Flash CS6 的工作界面 …………………… 6

　　1.4.1　开始页面 ……………………………… 6

　　1.4.2　菜单栏 ………………………………… 7

　　1.4.3　工具箱 ………………………………… 7

　　1.4.4　场景工作区 …………………………… 8

　　1.4.5　时间轴 ………………………………… 8

　　1.4.6　面板 …………………………………… 8

1.5　Flash 动画创建的基本步骤 ……………… 9

　　1.5.1　新建文档 ……………………………… 9

　　1.5.2　工作环境设置 ………………………… 10

　　1.5.3　新建元件 ……………………………… 10

　　1.5.4　设计场景 ……………………………… 11

　　1.5.5　测试影片 ……………………………… 11

　　1.5.6　动画的保存 …………………………… 12

　　1.5.7　发布影片 ……………………………… 12

1.6　Flash CS6 文档的基本操作 ……………… 12

　　1.6.1　创建文档 ……………………………… 12

　　1.6.2　保存文档 ……………………………… 13

　　1.6.3　打开和关闭文档 ……………………… 13

　　1.6.4　测试文档 ……………………………… 13

1.7　工作环境设置 ……………………………… 13

　　1.7.1　设置文档属性 ………………………… 13

　　1.7.2　标尺、网格和辅助线 ………………… 13

1.8　首选参数 …………………………………… 14

1.9　自定义快捷键 ……………………………… 16

习题 1 …………………………………………… 17

第2章　图形的绘制与编辑 …………………… 18

2.1　案例：草丛——绘制线条与对象选择 …… 18

　　2.1.1　Flash 的绘图模式 …………………… 21

　　2.1.2　线条工具 ……………………………… 22

　　2.1.3　铅笔工具 ……………………………… 23

　　2.1.4　选择工具 ……………………………… 24

2.2　案例：一颗红心——不规则图形的绘制

　　　与选择 ………………………………………… 26

　　2.2.1　钢笔工具 ……………………………… 27

　　2.2.2　部分选取工具 ………………………… 29

　　2.2.3　套索工具 ……………………………… 30

2.3　案例：气球——规则封闭图形与颜色的

　　　编辑 ………………………………………… 31

　　2.3.1　矩形工具 ……………………………… 33

　　2.3.2　渐变色的填充与调整 ………………… 36

　　2.3.3　渐变工具 ……………………………… 37

　　2.3.4　样式面板 ……………………………… 38

2.4　案例：荷塘景色——对象的变形与填充… 39

2.4.1 任意变形工具 ················ 45

2.4.2 3D 旋转工具 ················ 47

2.4.3 3D 平移工具 ················ 48

2.4.4 刷子工具 ···················· 49

2.4.5 喷涂刷工具 ················ 49

2.4.6 颜料桶工具 ················ 52

2.4.7 滴管工具 ···················· 53

2.4.8 橡皮擦工具 ················ 53

2.4.9 Deco 工具 ···················· 54

2.5 案例：空心字——图形描边与对象组合

分离 ···························· 56

2.5.1 墨水瓶工具 ················ 57

2.5.2 组合与分离 ················ 58

2.6 案例：整齐按钮——对象的对齐与缩放·· 59

2.6.1 "对齐"面板 ················ 61

2.6.2 手型工具与缩放工具 ······ 61

习题 2 ································ 62

第 3 章 文本的编辑 ···················· 64

3.1 案例：电子小报——TLF 文本 ······ 64

3.1.1 TLF 文本类型 ·············· 67

3.1.2 TLF 文本属性 ·············· 68

3.2 案例：文本效果——传统文本 ······ 76

3.2.1 传统文本类型和创建 ········ 77

3.2.2 传统文本的属性 ············ 78

3.3 案例：投影字和立体字——文本滤镜 ·· 80

3.3.1 创建文本滤镜 ·············· 82

3.3.2 滤镜效果 ··················· 83

习题 3 ································ 86

第 4 章 元件、实例与库 ················ 88

4.1 元件、实例和库的概念 ············ 88

4.1.1 元件的概念 ················ 88

4.1.2 实例的概念 ················ 89

4.1.3 库的概念 ··················· 89

4.2 案例：动态的星星——创建图形元件 ····· 90

4.3 案例：飘动的落叶——创建影片剪辑

元件 ···························· 93

4.4 案例：彩色按钮——创建按钮元件 ···· 95

4.5 案例：多彩花朵——编辑元件和实例···· 97

4.5.1 元件的编辑 ················ 98

4.5.2 创建和编辑实例 ··········· 101

4.6 案例：浏览风景图片——库 ········ 102

4.6.1 公用库 ··················· 103

4.6.2 共享库元件 ················ 104

习题 4 ································ 104

第 5 章 外部素材的应用 ················ 105

5.1 案例：变形的蝴蝶——外部图像的导入

与操作 ·························· 105

5.1.1 可导入的外部图像文件类型···· 107

5.1.2 导入图像的基本操作 ········ 107

5.1.3 位图的分离 ················ 109

5.1.4 位图的优化 ················ 111

5.2 案例：音乐按钮——外部音频的导入

与操作 ·························· 112

5.2.1 可导入的音频文件类型 ······ 113

5.2.2 导入音频的基本操作 ········ 113

5.2.3 导入音频的编辑 ············ 113

5.3 案例：公益宣传视频——外部视频的

导入与操作 ···················· 117

5.3.1 可导入的视频文件类型 ······ 119

5.3.2 导入视频的基本操作 ········ 119

5.3.3 导入视频的编辑 ············ 121

习题 5 ································ 122

第 6 章 基本动画制作 ·················· 123

6.1 认识时间轴 ······················ 123

6.1.1 帧 ························ 123

6.1.2 图层 ······················ 125

6.1.3 辅助工具 ·················· 129

6.2 案例：跳动的字符——逐帧动画 ···· 131

6.2.1 动画原理 ·················· 134

6.2.2 逐帧动画 ·················· 134

6.3　案例：中国梦——补间形状动画 ……… 138
　　6.3.1　动画原理 …………………………… 142
　　6.3.2　补间形状动画 ……………………… 142
　　6.3.3　使用形状提示 ……………………… 144
6.4　案例：多彩的风车——传统补间动画 … 145
　　6.4.1　动画原理 …………………………… 150
　　6.4.2　传统补间动画 ……………………… 150
6.5　案例：万剑归一——补间动画 ………… 152
　　6.5.1　动画原理 …………………………… 157
　　6.5.2　补间动画 …………………………… 157
习题 6 ………………………………………… 164

第 7 章　特殊动画制作 …………………………… 165
7.1　案例：汉字书写——遮罩动画 ………… 165
　　7.1.1　动画原理 …………………………… 169
　　7.1.2　遮罩动画 …………………………… 169
7.2　案例：蝴蝶飞舞——引导层动画 ……… 170
　　7.2.1　动画原理 …………………………… 175
　　7.2.2　引导层动画 ………………………… 175
7.3　案例：调皮的多边形——场景动画 …… 175
　　7.3.1　动画原理 …………………………… 180
　　7.3.2　场景动画 …………………………… 181
7.4　案例：调皮的小孩——骨骼动画 ……… 181
　　7.4.1　动画原理 …………………………… 186
　　7.4.2　骨骼动画 …………………………… 186
习题 7 ………………………………………… 192

第 8 章　ActionScript 3.0 入门 ………………… 193
8.1　ActionScript 概述 ………………………… 193
　　8.1.1　什么是 ActionScript ………………… 193
　　8.1.2　ActionScript 的发展历史 …………… 194
　　8.1.3　创建 ActionScript 3.0 程序 ………… 195
8.2　"动作"面板的使用 …………………… 195
8.3　案例：Hello ActionScript 3.0!——第一个
　　　ActionScript 3.0 程序 ………………… 198
　　8.3.1　在关键帧上加入代码 ……………… 199
　　8.3.2　编写外部的类文件 ………………… 199

8.4　ActionScript 3.0 的首选参数设置 ……… 200
8.5　案例：简易计算器——ActionScript 3.0
　　　编程基础 ………………………………… 201
　　8.5.1　语法规则 …………………………… 203
　　8.5.2　变量 ………………………………… 206
　　8.5.3　常量 ………………………………… 209
　　8.5.4　数据类型 …………………………… 209
　　8.5.5　运算符与表达式 …………………… 212
　　8.5.6　常用控制语句 ……………………… 219
8.6　案例：简易计算器的改进——函数 …… 225
　　8.6.1　函数的创建 ………………………… 226
　　8.6.2　函数的返回值 ……………………… 227
　　8.6.3　函数的调用 ………………………… 228
8.7　案例：鼠标指针随意变——事件及
　　　事件侦听器的应用 ……………………… 228
　　8.7.1　事件 ………………………………… 230
　　8.7.2　事件侦听器 ………………………… 230
习题 8 ………………………………………… 231

第 9 章　ActionScript 3.0 提高 ………………… 233
9.1　案例：Hello ActionScript 3.0!——
　　　ActionScript 3.0 面向对象编程基础 …… 233
　　9.1.1　什么是面向对象编程 ……………… 234
　　9.1.2　类与对象 …………………………… 235
　　9.1.3　包和命名空间 ……………………… 236
　　9.1.4　继承 ………………………………… 236
9.2　案例：浪漫雪花——影片剪辑的控制 … 237
　　9.2.1　影片剪辑的基本属性控制 ………… 239
　　9.2.2　影片剪辑的播放控制 ……………… 240
　　9.2.3　影片剪辑的复制与删除 …………… 240
　　9.2.4　影片剪辑的拖放 …………………… 241
9.3　案例：时尚挂钟——日期与时间的控制 … 242
　　9.3.1　Date 类 ……………………………… 243
　　9.3.2　Timer 类 …………………………… 246
　　9.3.3　TimerEvent 类 ……………………… 247
9.4　案例：水果课堂——鼠标的控制 ……… 248

9.4.1　Mouse 类 ························· 250

9.4.2　MouseEvent 类 ··············· 250

9.5　案例：打字练习——键盘的控制 ······· 251

9.5.1　Keyboard 类 ···················· 253

9.5.2　KeyboardEvent 类 ············ 254

9.6　案例：音乐播放器——声音的控制 ······· 255

9.6.1　Sound 类 ······················ 258

9.6.2　SoundChannel 类 ············· 260

9.6.3　SoundTransform 类 ·········· 260

习题 9 ································· 261

第 10 章　组件的应用 ··················· 263

10.1　组件概述 ······················· 263

10.1.1　什么是组件 ·················· 263

10.1.2　组件的类型 ·················· 264

10.2　案例：利用组件制作用户信息表实例——组件的应用 ··············· 264

习题 10 ································ 273

第 11 章　动画测试与发布 ··············· 275

11.1　案例：蝴蝶飞舞——动画的测试与优化 ··························· 275

11.1.1　动画的测试 ·················· 276

11.1.2　动画的优化 ·················· 277

11.2　案例：蝴蝶飞舞——动画的发布 ······· 278

习题 11 ································ 282

1

认识 Flash

学习目标

- 了解动画的形成原理
- 了解 Flash 动画的应用领域
- 理解 Flash 中的基本概念
- 了解 Flash 动画的制作方法
- 熟悉 Flash 的工作界面
- 掌握文档的新建、测试、保存和发布的方法
- 掌握 Flash 工作面板的设置方法

重点难点

- Flash 中的基本概念
- Flash 基本动画的实现
- 设置 Flash 工作面板
- 舞台的设置
- Flash 文档的基本操作

1.1　Flash 概述

1.1.1　动画的形成

　　动画是利用人的"视觉停留"特性，把人、物的表情、动作、变化等分段画成许多画面，然后连续播放一系列画面，给视觉造成连续变化的图画。它的基本原理与电影、电视一样，都

是视觉原理。

　　医学证明，人类具有"视觉暂留"的特性，就是说人的眼睛看到一幅画或一个物体后，在 0.34 秒内不会消失。利用这一原理，在一幅画还没有消失前播放下一幅画，就会给人造成一种流畅的视觉变化效果。如果以每秒低于 10 幅画面的速度拍摄播放，就会出现停顿现象。

1.1.2　什么是 Flash

　　Flash 是一款多媒体二维动画制作软件，也是一种交互式动画制作工具，利用它可以将文字、图片、音乐、影片剪辑融汇在一起，制作出精美的动画。由于其强大的动画创作能力，使其逐渐成为交互式矢量动画的标准。Flash 是由 Macromedia 公司推出的交互式矢量图和 Web 动画的标准，2005 年时 Macromedia 公司被 Adobe 公司收购。Flash 是一个非常优秀的矢量动画制作软件，它以流式控制技术和矢量技术为核心，制作的动画具有短小精悍的特点，所以被广泛应用于网页动画的设计中，以成为当前网页动画设计最为流行的软件之一。

　　Flash 软件可以实现多种动画特效，是由一帧帧的静态图片在短时间内连续播放而造成的视觉效果，表现为动态过程。

1.2　Flash 的应用领域

　　在现阶段，Flash 应用的领域主要有娱乐短片、片头、广告、MTV、导航条、小游戏、产品展示、应用程序界面的开发、网络应用程序开发等几个方面。Flash 已经大大增加了网络功能，可以直接通过 xml 读取数据，又加强了与 ColdFusion、ASP、JSP 和 Generator 的整合，所以用 Flash 开发网络应用程序肯定会越来越广泛的被应用。

1.2.1　网站动画

　　为达到一定的视觉冲击力，很多企业网站往往在进入主页前播放一点使用 Flash 制作的欢迎页（也称为引导页），如图 1-2-1 所示。此外，很多网站的 Logo（站标，网站的标志）和 Banner（网页横幅广告）都是 Flash 动画。

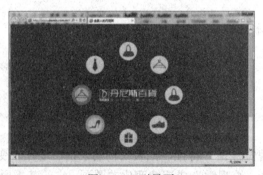

图 1-2-1　引导页

1.2.2　Flash 广告

　　Flash 广告动画具有短小精干、表现力强的特点，适合在网络上传输。现在打开任何一个网站的首页，都会发现一些动感时尚的 Flash 网页广告，如图 1-2-2 所示。

图 1-2-2　Flash 广告

1.2.3　Flash 贺卡

　　贺卡的产生源于人类社交的需要，人们在遇到喜庆的日子或事件时互相表达问候。随着科技的发展，电子贺卡越来越多的被使用。电子贺卡只是载体发生了改变，通过网络传递给其他人祝福。如图 1-2-3 所示。

1.2.4　Flash MTV

　　Flash 的特点决定了在网站上实现 MTV 成为了可能。由于 Flash 支持 MP3、WMA 音频，而且能边下载边播放，大大节省了下载的时间和所占用的带宽，因此迅速在网上火爆起来。如图 1-2-4 所示是用 Flash 制作的《东郭先生》。

图 1-2-3　Flash 贺卡　　　　　　　图 1-2-4　MTV《东郭先生》

1.2.5　Flash 游戏

　　Flash 游戏一般情节简单，操作容易且文件体积较小，带给用户很多休闲的快乐。如图 1-2-5 所示为两款 Flash 小游戏。

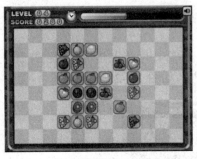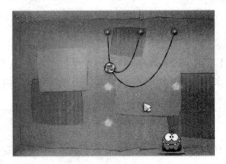

连连看 割绳子

图 1-2-5 Flash 小游戏

1.2.6 教学课件

Flash 也是一个完美的教学课件开发软件，所做的课件容量小，易携带，动画效果较好，操作简单，而且交互性很强，非常有利于教学的互动。可以充分用动画、声音、交互、视频以及剪辑等基本元素，形象地表述内容，传递信息。用 Flash 制作的课件大多图文声像并茂，能激发学生的学习兴趣。如图 1-2-6 所示为利用 Flash 制作的教学课件。

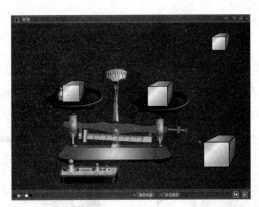

图 1-2-6 利用 Flash 制作的课件

1.3 Flash 中的基本概念

1.3.1 矢量图和位图

1. 矢量图

矢量图是用包含颜色和位置属性的直线或曲线公式来描述图形的。它与分辨率无关。

以直线为例，它利用两端的端点坐标和粗细、颜色来表示直线，因此无论怎样放大图形，都不会影响画质，依旧能保持其原有的清晰度。另外，矢量图具有独立的分辨率，可以在不同分辨率的输出设备上显示，却不会改变图形的品质。它的最大优点就是所占空间极少，通常是位图格式的几千分之一。所创建的图形及动画无论放大多少倍，都不会产生失真现象。如图 1-3-1 所示。

图 1-3-1　矢量图及其放大后的效果

对矢量图的编辑，就是在修改描述图形形状的属性。

2．位图

位图是通过像素点来记录图像的。位图的大小和质量取决于图像中的像素点的多少，每平方英寸中所含像素点越多，图像越清晰，颜色之间的混和也越平滑，相应的存储容量也越大。计算机存储位图实际上是存储图像的各个像素的位置和颜色数据等的信息。

位图图像的主要优点在于表现力强、细腻、层次多、细节多，可以十分容易地模拟出像照片一样的真实效果。对位图放大时，实际是对像素的放大，因此放大到一定程度时会出现马赛克现象。如图 1-3-2 所示是位图图像及其放大后的效果。

图 1-3-2　位图图像及其放大后的效果

1.3.2　场景、舞台和帧

1．场景和舞台

一个影片可以拥有任意多个场景。如果将 Flash 动画类比为一场舞台剧，那场景可以看做是一幕，一幕完成后再进行下一幕的表演。由于场景具有先后顺序排列的特点，因此各个场景彼此相互独立，互不干扰，每个场景都有独立的图层和帧。

如果把场景比作舞台剧中的一幕，那舞台就是舞台剧中的舞台。动画最终只显示场景白色区域中的内容及舞台中的内容。就如同演出一样，无论在后台做多少准备工作，最后呈现给观众的只能是舞台上的表演。

2．帧

在动画中随时间产生动画效果的单元是帧，是进行 Flash 动画制作的最基本的单位。在时间轴上用一个空白小长方形表示一帧，自左向右编号，如图 1-3-3 所示。每个帧内可以包含需要显示的所有内容，包括图形、声音、各种素材和其他多种对象。在播放时，每帧内容会随时间轴一个个播放而改变，最后形成连续的动画效果。

图 1-3-3　时间轴上的帧

Flash 中主要有四种帧，其具体操作会在后续章节中具体讲解。

- 关键帧：有关键内容的帧。用来定义动画变化、更改状态的帧，即编辑舞台上存在实例对象并可对其进行编辑的帧。在时间轴上显示为实心的圆点。
- 空白关键帧：没有内容的关键帧。在时间轴上显示为空心的圆点。
- 普通帧：不起关键作用的帧，其中的内容与它前面关键帧的内容相同。空白关键帧后面的普通帧显示为白色，关键帧后面的普通帧显示为浅灰色。
- 过渡帧：两个关键帧之间带箭头的区域，是自动生成的过渡动作。

1.4　Flash CS6 的工作界面

对工作界面熟练掌握会使用户日后的操作更加得心应手。Flash 的工作界面主要包括：菜单栏、绘图工具栏、时间轴、属性窗口、舞台等。

1.4.1　开始页面

Flash CS6 启动后的开始界面如图 1-4-1 所示。选择"新建"→ActionScript 3.0 或 Actionscript 2.0 选项后可打开 Flash 工作界面。

Flash CS6 的工作区界面形式可以根据自己的设计或制作需要进行设置，一般在菜单的右侧有设置工作区的面板，如图 1-4-2 所示。其中的"设计人员"工作界面，如图 1-4-3 所示，包括菜单栏、工具箱、"时间轴"面板、舞台、"属性"面板、面板组、"库"面板等部分。

选择"新建"→ActionScript 3.0 或 ActionScript 2.0 进入 Flash 操作环境后的功能和操作方法基本相同。所不同的是，选择 ActionScript 2.0 进入后，与 3D 有关的功能及其他个别功能会受到限制，编写代码时仍然按照传统的 ActionScript 2.0 语法规则进行编写。选择 ActionScript 3.0 进入后，支持 Flash CS6 的所有新增功能，编写代码时需要按照 ActionScript 3.0 的语法规则进行编写。

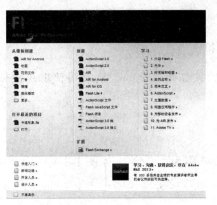

图 1-4-1　开始界面

图 1-4-2　风格设置

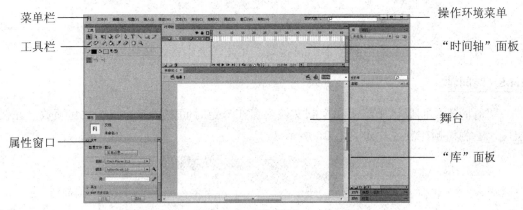

图 1-4-3　工作界面

进入 Flash CS6 后的界面如图 1-4-3 所示。Flash CS6 从操作环境到各项新增工具，都给人耳目一新的感受。面板摆放更为集中，收合更方便，使操作更简单、方便。

1.4.2　菜单栏

如图 1-4-3 所示，Flash 的菜单栏复制了绝大多数通过窗口和面板可实现的功能。尽管如此，某些功能还是只能通过菜单或者相应的快捷键才可以实现。

1.4.3　工具箱

工具箱位于整个界面的左侧，是最常用的一个面板，如图 1-4-4 所示。如果工具箱没打开，可以选择"窗口"→"工具"命令将其打开。

图 1-4-4　工具箱

注意：在进行某项操作时，如果发现需要使用的按钮是灰色的，则表明使用该按钮的条件不成立。

1.4.4　场景工作区

场景工作区是用来放置动画内容的区域，通常又被称为"舞台"，如图 1-4-5 所示。"舞台"就是制作动画的区域，而"舞台"外的部分在播放动画时是不可见的。

图 1-4-5　场景工作区

放置在"舞台"上的内容包括：矢量图、元件、文本框、按钮等。

1.4.5　时间轴

"时间轴"面板用于组织和控制文档内容在一定时间内播放的图层数和帧数，左侧为图层区，右侧为帧控制区，如图 1-4-6 所示。

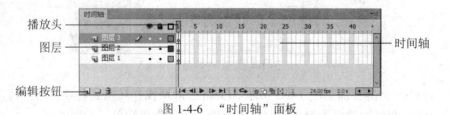

图 1-4-6　"时间轴"面板

时间轴在动画创作中具有相当重要的地位，它是由时间与深度构成的二维空间，其作用就是要合理地安排动画中各个对象的登台时间、表演内容等。

1.4.6　面板

Flash CS6 提供了丰富的面板，使用面板可以处理对象、颜色、文本、实例、帧、场景和整个文档。常见的面板有"库"面板、"属性"面板、"动作"面板、"颜色"面板等。

1. 面板的表现形式

面板的表现形式是多样的，有结合在窗口右边的，如"库"面板、"对齐"面板、"颜色"

面板；有结合在左边的，如"工具箱"面板；有浮动在窗口前面的。为减少面板在主窗口中的占用面积，可以将一些相关的面板组合在一起形成面板组，如图 1-4-7 所示。用户可以根据自己的需要随意改变面板的形式。

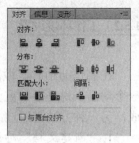

图 1-4-7　面板组

2．面板的基本操作

● 打开面板：可以通过选择"窗口"菜单中的相应命令打开指定面板，一些常用的面板还可以通过对应的快捷键完成打开和折叠操作。

● 关闭面板组：在已经打开的面板标题栏上右击，然后在弹出的快捷菜单中选择"关闭面板组"菜单项。

● 折叠或展开面板：双击标题栏或者标题栏上的 ◀◀ 按钮可以将面板折叠，单击 ▶▶ 按扭即可展开。

● 移动面板：可以通过拖动标题栏移动面板位置，或者将固定面板移动为浮动面板，或者将浮动面板移动为固定面板。

● 关闭所有面板：单击"窗口"菜单中的"隐藏面板"或使用 F4 快捷键。

● 恢复默认布局：单击"窗口"菜单中的"工作区"的"重置"。

1.5　Flash 动画创建的基本步骤

1.5.1　新建文档

选择"文件"菜单中的"新建"菜单项或使用快捷键 Ctrl+N 打开如图 1-5-1 所示的"新建文档"对话框。在对话框中选择"ActionScript 3.0"或"ActionScript 2.0"选项，单击"确定"按钮，新建一个文件。

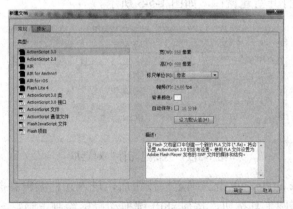

图 1-5-1　"新建文档"对话框

1.5.2　工作环境设置

在制作动画时，做出的动画显示的画面大小、背景的颜色和每秒钟播放的帧数等，对于一个动画来说是非常重要的。要完成这些设置有两种方法，一是通过"新建文档"对话框来完成，另一种方法是通过"属性"面板完成。

1. "新建文档"对话框（如图 1-5-1 所示）
- 宽：设置舞台画面的宽度。
- 高：设置舞台画面的高度。
- 标尺单位：可以选择"像素"、"英寸"、"厘米"、"毫米"等单位。
- 帧频：设置动画每秒钟的播放帧数。
- 背景颜色：可以打开"颜色"面板来改变动画的背景颜色。
- 自动保存：设置每隔多长时间自动保存当前文档。
- 设为默认值：将对话框中所有选择恢复到默认值。

2. "属性"面板

在工作界面中的属性窗口中单击"属性"，如图 1-5-2 所示，同样可以更改动画显示画面大小、背景的颜色和每秒钟播放的帧数等。面板的内容是不固定的，选择的对象不同，所具有的属性也不同。在"属性"面板可以查看或更改对象的所有属性值。

图 1-5-2　"属性"面板

1.5.3　新建元件

选择"插入"菜单中的"新建元件"菜单项或单击"库"面板中的"新建元件"按钮或使用 Ctrl+F8 快捷键，打开新建窗口，如图 1-5-3 所示。

图 1-5-3　"新建元件"对话框

在"名称"中输入 circle，单击"确定"按钮后，进入元件编辑界面，如图 1-5-4 所示。单击工具箱中的椭圆工具按钮，按住 shift 键拖动鼠标绘制正圆。

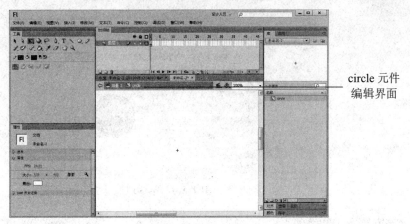

circle 元件
编辑界面

图 1-5-4　circle 元件编辑界面

1.5.4　设计场景

返回场景，将 circle 元件从"库"面板中拖至舞台左侧，如图 1-5-5 所示。

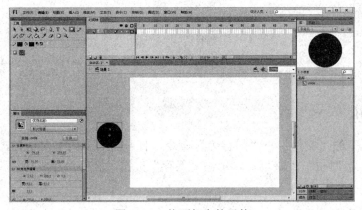

图 1-5-5　拖至舞台的元件

在"时间轴"面板上的图层 1 的 30 帧处右击，选择"插入关键帧"命令。单击工具箱中的"选择工具"按钮将圆拖至舞台上，并使用工具箱中的"任意变形工具"，将圆变大，如图 1-5-6 所示。

在图层 1 的第 1 帧到 30 帧中间任一帧上右击，选择"创建传统补间动画"命令，如图 1-5-7 所示。

1.5.5　测试影片

单击"控制"→"测试影片"→"测试"命令，或者使用 Ctrl+Enter 快捷键，可以打开播放窗口，查看动画最终播放效果，如图 1-5-8 所示。

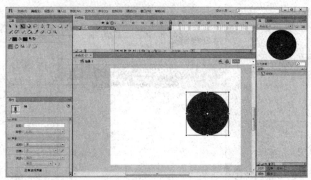

图 1-5-6　第 30 帧

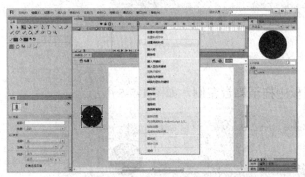

图 1-5-7　创建补间动画

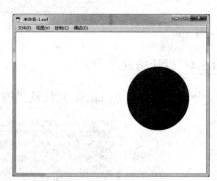

图 1-5-8　播放效果

1.5.6　动画的保存

选择菜单栏中的"文件"→"另存为"命令，打开"另存为"对话框，指定文件保存路径，将文件名设为"圆的放大动画"，单击"保存"按钮，文件保存成功。

1.5.7　发布影片

选择菜单栏中的"文件"→"发布设置"命令，可以决定把动画发布成何种格式的动画文档（此处选择默认值，具体的设置在后续章节详细介绍），然后选择菜单栏中的"文件"→"发布"命令，发布后的文件保存在源文件所在的文件夹中。

1.6　Flash CS6 文档的基本操作

1.6.1　创建文档

创建文档有三种方法：

（1）在启动 Flash 时直接创建。

（2）选择"文件"→"新建"命令创建。

（3）使用 Ctrl+N 快捷键。

用户还可以从模板中创建。在模板中，可以选择各种已经设置好文档属性的文档模板来创建。

1.6.2　保存文档

保存文档有两种方法：

（1）选择"文件"→"保存"或"另存为"命令。

（2）使用 Ctrl+S 快捷键。

1.6.3　打开和关闭文档

（1）选择"文件"→"打开"命令，可以打开已保存过的文件，即 Flash 动画的源文件，也就是扩展名为.fla 的可编辑文件。

（2）单击"文件"选项卡上的关闭按钮即可关闭文件。

1.6.4　测试文档

在动画制作过程中或完成动画制作后，要对动画进行效果测试。最简单的方法就是执行"控制"→"测试影片"→"测试"命令或按下 Ctrl+Enter 组合键，即可测试并浏览动画效果。还会在保存源文件的目标文件夹下生成一个扩展名为.swf 的文件，这种文件是 Flash 动画的输出文件。

1.7　工作环境设置

新建一个 Flash 文档后，中间可能要更改该动画的相关信息，如动画的尺寸、播放速度、背景色等。另外，为了更方便地制作动画，可以使用网格、标尺、辅助线等相关功能。

1.7.1　设置文档属性

要更改文档的尺寸、播放速度、背景色等，在舞台空白处单击，这时"属性"面板会显示为"文档属性"面板，如图 1-5-2 所示。单击"属性"按钮，则可以根据需要进行设置。

1.7.2　标尺、网格和辅助线

1．标尺

用户可以将标尺放在场景工作区的顶部和左侧，也可以不打开标尺。

在打开标尺的情况下，用户在工作区移动，那么元素的尺寸位置就会反映到标尺上。显示或隐藏标尺的方法是：选择"视图"→"标尺"命令。如图 1-7-1 所示。

2. 网格

网格主要在进行舞台元素布局时使用。显示或隐藏网格的方法是：选择"视图"→"网格"→"显示网格"命令。如图 1-7-2 所示。

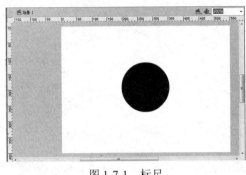
图 1-7-1　标尺

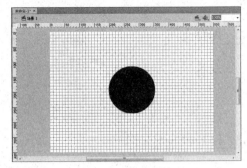
图 1-7-2　网格

如果选择"视图"→"贴紧"→"贴紧至网格"命令，则舞台中的元素在排版设计时可以吸附到网格线所交叉的点上。选择"视图"→"网格"→"编辑网格"命令，可以在打开的网格对话框中编辑网格的尺寸大小、网格线颜色、粗细等信息，如图 1-7-3 所示。

3. 辅助线

辅助线也用于舞台元素的定位。从标尺开始处按下鼠标左键拖动，会拖出一条直线，即辅助线，如图 1-7-4 所示。不同元素在进行布局时可以以这条线作为对齐标准。

图 1-7-3　网格对话框

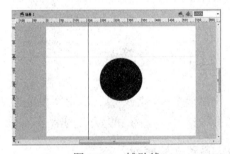
图 1-7-4　辅助线

用户可以移动、锁定、隐藏、删除辅助线，也可以将元素与辅助线对齐，或更改辅助线颜色。方法是选择"视图"→"辅助线"后的几个选项来进行设置和更改。直接拖动辅助线到标尺上也可以删除辅助线。

1.8　首选参数

在特定情况下，需要在进行动画编辑制作前对一些相关的参数进行设置，从而定制 Flash CS6 的工作环境。

选择"编辑"→"首选参数"命令后，会打开"首选参数"对话框，如图 1-8-1 所示，在"常规"选项卡中有 9 个类别，用户可以根据需要进行相应的参数设置。

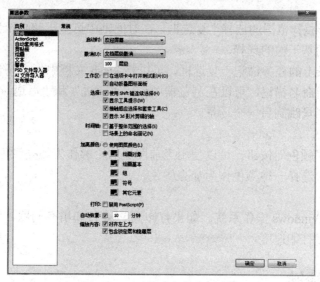

图 1-8-1   "首选参数"对话框

1. 启动时

在"启动时"右侧的下拉列表中有"不打开任何文档"、"新建文档"、"打开上次使用的文档"以及"欢迎屏幕"等选项。选择某一选项，在启动 Flash 时，系统会自动进行该项操作。

2. 撤销

在下方的文本框中输入一个 2~300 之间的值，即可设置该选项的撤销/重做级别数。

3. 工作区

● 选中"在选项卡中打开测试影片"复选框，当执行"控制"→"测试影片"命令时，在应用程序窗口中会打开一个新的文档选项卡；取消选中该复项框，将在应用程序窗口打开测试影片。

● 选中"自动折叠图标面板"复选框后，则单击处于图标模式中的面板外部时，这些面板将自动折叠。

4. 选择

● 选中"使用 Shift 键连续选择"复选框，可以在按住 Shift 键时连续选择 Flash 的多个元素。

● 选中"显示工具提示"复选框，当指针停留在控件上时，将显示工具提示。

● 选中"接触感应选择和套索工具"复选框时，当使用选择工具或套索工具进行拖动时，如果矩形框中包括了对象的任何部分，则此对象将被选中；取消选中该复选框，只有当工具的矩形框完全包围对象时，对象才被选中。

- 选中"显示 3D 影片剪辑的轴"复选框，则在所有 3D 影片剪辑上显示 X、Y 和 Z 轴的重叠部分，这样就能够在舞台上轻松标识它们。

5. 时间轴

- 选中"基于整体范围的选择"复选框，在时间轴中可基于整体范围进行选择，而不是使用默认的基于帧的选择。
- 选中"场景上的任务锚记"复选框，可以将 Flash 文档中每个场景的第一帧作为命名锚记。使用命名锚记，可以在浏览器中使用"前进"和"后退"按钮从 Flash 应用程序的一个场景跳到另一个场景。

6. 加亮颜色

单击"使用图层颜色"按钮，可以使用当前图层的轮廓作为加亮颜色；单击"颜色面板"按钮，可以从面板中选择一种颜色作为加亮颜色。

7. 打印

此功能仅限于 Windows 操作系统。如果打印到 Post 打印机有问题，则选中"禁用 Post"复选框，但是会减慢打印速度。

1.9 自定义快捷键

使用快捷键可以大大提高工作效率，用户可以在 Flash 中使用系统定义的快捷键，也可以自己定义快捷键，从而更加符合个人习惯。在制作动画的时候，经常要调用一些命令辅助用户绘图。为快速实现这些命令，Flash 提供了设置快捷键的功能。

自定义快捷键的步骤是：选择"编辑"→"快捷键"命令，打开"快捷键"对话框，如图 1-9-1 所示。

图 1-9-1　"快捷键"对话框

在"命令"列表中选择某一个选项，在该选项中将显示该选项默认的快捷键，可以单击"添加快捷键"按钮，为所选中的选项添加相应的快捷键，也可以在列表中选择快捷键，单击"删除快捷键"按钮，删除所设置的快捷键。

注意：Flash CS6 自带的内容快捷键方式的标准配置——Adobe 标准是不能更改的，可以单击右侧的"直接复制"按钮，在弹出的对话框中为自定义的快捷方式命名，然后单击"确定"按钮，就可以根据自己的习惯进行相应的自定义设置。

习题 1

一、填空题

1. Flash 是一个_____工具，可以完成从简单动画到复杂的交互式 Web 应用程序。

2. 动画是利用人的"_____"特性，把人、物的表情、动作、变化等分段画成许多画面然后连续播放一系列画面，给视觉造成连续变化的图画。

3. "时间轴"面板用于组织和控制文档内容在一定时间内播放的_____和_____。

二、简答题

1. 简述动画的实现原理。

2. 简述矢量图和位图的区别以及优缺点。

3. 简述 Flash 动画中帧的种类。

三、操作题

创建一个 Flash 动画，要求：

1. 新建 Flash 文档。

2. 舞台大小 780×550，背景色为浅绿色。

3. 制作一个名为"方"的长方形蓝色元件。

4. 将元件创建在舞台上，并完成 30 帧动画，使之由蓝色变为红色并实现放大的动画。

5. 保存文档。

6. 测试该动画。

2

图形的绘制与编辑

学习目标

- 了解 Flash 工具栏中工具按钮的使用方法
- 掌握 Flash 的绘图模式
- 熟练使用工具按钮绘制需要的图形
- 掌握对齐面板、颜色面板的使用方法

重点难点

- 各种工具的使用
- Flash 的绘图模式
- 颜色的设置

2.1 案例：草丛——绘制线条与对象选择

【案例目的】要求使用线条等相关工具绘制草丛。

【知识要点】绘制线条、线条变曲线、图形分割。

【案例效果】效果如图 2-1-1 所示。

【操作步骤】

（1）新建一个 Flash 文档（ActionScript 3.0）。

（2）选择"插入"→"新建元件"命令，弹出"创建新元件"对话框，名称输入为"草丛"，类型为影片剪辑，如图 2-1-2 所示。

（3）设置工作区显示比例为"200%"，如图 2-1-3 所示。

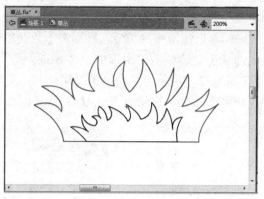

图 2-1-1   草丛效果

图 2-1-2   新建"草丛"元件

图 2-1-3   设置工作区显示比例

（4）单击"线条工具"按钮，在工作区绘制线段，完成草丛的初稿。如图 2-1-4 所示。

（5）单击工具箱中"选择工具"按钮，选中多余线条，按键盘上的 Delete 键删除。可以在选中的同时按下 Shift 键，实现多选。或者按下 Delete 键的同时单击要删除的多余线段。如图 2-1-5 所示。

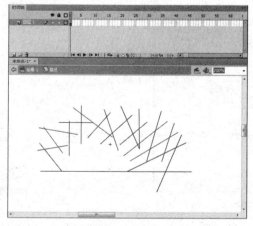

图 2-1-4   草丛初稿 1

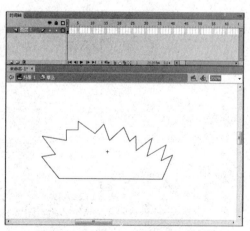

图 2-1-5   草丛初稿 2

（6）单击"选择工具"将鼠标移向线段交叉点时，鼠标右下角会出现直角，此时按下鼠标左键可调整端点位置。将鼠标靠近线段中间位置，鼠标右下角会出现一个小弧形标记，此时按下鼠标左键可调整线段的弯曲度。调整后的图形如图 2-1-6 所示。

（7）锁定图层 1，新建图层 2，在图层上绘制第二层草丛：单击"钢笔工具"按钮，通过单击顶点的方式，建立不规则多边形（在结束点处双击）。如图 2-1-7 所示。

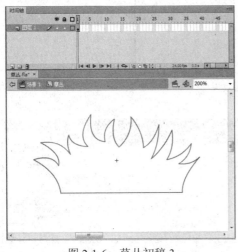

图 2-1-6　草丛初稿 3

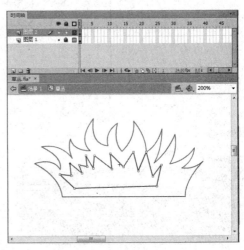

图 2-1-7　草丛初稿 4

（8）单击"选取工具"按钮，调整图层 2 上草丛的弯曲度。选中图层 2 的草丛，调整它的位置。草丛效果如图 2-1-8 所示。

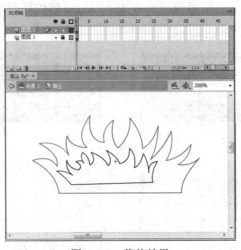

图 2-1-8　草丛效果

（9）按 Ctrl+Enter 键预览并测试动画效果，将文件保存为"草丛.fla"。

2.1.1 Flash 的绘图模式

在 Flash 中绘制基本图形之前，需要先设置绘图模式。Flash CS6 中的绘图模式分为合并绘图模式和对象绘制模式。

在工具栏中选择矩形工具、椭圆工具、多角星形工具、线条工具、铅笔工具和钢笔工具时，在工具栏下方会出现一个"对象绘制"工具，如图 2-1-9 所示。单击此按钮可在合并绘制模式和对象绘制模式之间切换。

1. 合并绘制模式

当"对象绘制"按钮处于未选中状态时，表示当前的绘图模式为合并绘制模式。此时，在同一图层中的各图形会相互影响。如果画了一个带线框和填充的圆（图 2-1-9 合并绘制模式 1 左图），用鼠标选择填充部分后拖动，会发现图形的框线和内部的圆分成了两个部分。如图 2-1-9 右图所示。

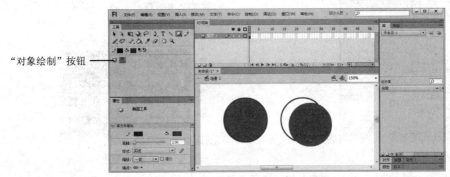

图 2-1-9　合并绘制模式 1

如果绘制一个矩形并在其上方再绘制一个圆形如 2-1-10 左图所示。然后将圆形移动到其他位置，会发现矩形被圆形覆盖的地方已被删除，如 2-1-10 右图所示。默认情况下，绘图工具都处于合并绘制模式。当图形相互重叠时，位于上方的图形会将下方的图形覆盖，并进行分割。

图 2-1-11 是两条直线相交后会被分割为四条线段的效果。

2. 对象绘制模式

当"对象绘制"模式选中时，表示当前绘图模式为对象绘制模式。在对象绘制模式下绘制和编辑图形，在同一图层中绘制的各个图形相互独立，互不影响，叠加和分离时不会产生变化。同时可以看到图形被选中时，周围有方形实线框，如图 2-1-12 所示。

图 2-1-10　合并绘制模式 2

图 2-1-11　合并绘制模式 3

图 2-1-12　对象绘制模式

2.1.2　线条工具

"线条工具"用于绘制各种不同方向的线条。

1. 线条工具的使用

单击工具箱中的"线条工具"按钮 ，将鼠标移动到舞台中，鼠标会变为"+"型，按下鼠标左键拖动到需要位置释放鼠标左键，即可绘制一条直线。

技巧：在用"线条工具"画直线，按住 Shift 键沿水平或垂直方向拖动鼠标，可以绘制水平线或铅垂线；沿左上角或右下角拖动鼠标可以绘制倾斜 45°的直线。

2. 线条的属性设置

线条的属性主要有笔触颜色、笔触高度和笔触样式 3 种，可以在"属性"面板中进行设置。选择"线条工具"后属性窗口如图 2-1-13（a）所示。

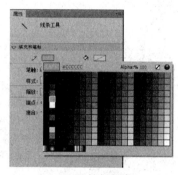

（a）属性窗口　　　　　　　　　　　　（b）笔触颜色

图 2-1-13　线条工具

（1）笔触颜色

单击"属性"面板中的"笔触颜色"按钮，弹出如图 2-1-13（b）所示的"颜色选择"面板，通过鼠标来选择线条颜色。通过左上角 #CC6699 文本框可以通过设置值的方式精确设置颜色。**Alpha** 参数用来设置直线的透明度，100%显示为正常颜色，0%显示为透明。单击右上角 ✓ 按钮可以设置不使用线条绘制。还可以单击"颜色选择"面板右上角的 ● 按钮，打开如图 2-1-14 所示的"颜色"对话框，对笔触颜色进行更详细的设置。

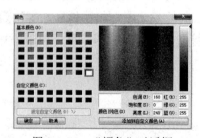

图 2-1-14　"颜色"对话框

（2）笔触大小

在"属性"窗口的"笔触大小"文本框中可以输入不同的值来改变线条的粗细，取值范围为 0.1～200 像素。也可以通过拖动"笔触"滑块进行线条粗细的设置。

（3）笔触样式

● 单击属性窗口中"样式"下拉菜单，可以选择不同样式的直线。用户还可以通过下拉菜单后面的"编辑笔触样式"按钮，在弹出的"笔触样式"对话框中进行自定义设置。

● 在"缩放"后面，选中"提示"复选框可以将笔触锚记点保持为全像素可防止出现模糊线。端点和接合选项，用来设置直线的端点形状和与其他直线接合的方式。

● 使用"对象绘制"功能绘制线条，线条将会是一个个独立的个体，避免多条线条相互切割，再次单击这个按钮，会回到合并模式绘图。

● 打开"贴紧至对象"功能绘制线条，线条的终点会自动吸附到鼠标指针附近的其他线条上去。

2.1.3 铅笔工具

使用铅笔工具可以绘制任意形状的矢量图形。绘制方法与使用真实铅笔大致相同。画出线条后，Flash 会根据情况对它进行拉直或平滑处理。处理的模式依画线模式的不同而不同，Flash 还可以以一定的角度来连接两线。

铅笔工具是用于绘制线条的工具。按住鼠标左键并在拖动的同时按下 Shift 键，可以绘制出水平或垂直的线条。

选择"铅笔工具"后，在工具箱底部单击"铅笔模式"按钮，在弹出的下拉列表中有 3 种绘图模式可以选择，如图 2-1-15 所示。

● 伸直模式可以在绘制过程中将线条自动伸直，使其尽量直线化，简单的说伸直模式可以画出平直的线条，并可将近似于三角形、椭圆、矩形和正方形的图形转换为标准的几何图形。

● 平滑模式可以在绘制过程中将线条自动平滑，使其尽可能成为有弧度的曲线。

● 墨水模式则是在绘制过程中保持线条的原始状态，即墨水模式可随意画线。图 2-1-16 是用 3 种模式画出的曲线。

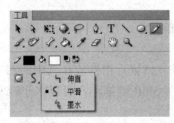

图 2-1-15　铅笔绘图模式

图 2-1-16　铅笔工具的 3 种绘图模式

单击"铅笔工具"按钮后打开的属性窗口与线条工具基本类似。在此不再重复介绍。

2.1.4　选择工具

选择工具在工具箱所有工具中使用频率最高。顾名思义，它的主要作用是选择对象同时可以对矢量线条和填充进行调整，并且还具备将矢量图变形的功能。操作的方法是：

1. 选择对象

- 单击：对所要选择的线、填充、对象单击选中。注意：当线段有交叉后，单击线段，选中的是分割后的线段，如图 2-1-17（a）所示。
- 双击：在线段上双击会选中与该线段相连的所有线段，如图 2-1-17（b）所示。双击填充会选中填充和填充的边框，如图 2-1-17（c）所示。
- 框选：在图形的合适空白位置按下鼠标左键拖动出一个矩形，此时可以选取矩形框中的部分，如图 2-1-17（c）和图 2-1-18（c）所示。

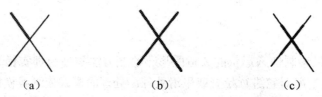

（a）　　　　　　　（b）　　　　　　　（c）

图 2-1-17　使用"选择工具"对交叉线条不同操作的效果

图 2-1-17 的（a）、（b）、（c）分别是交叉线段的单击、双击、框选效果。图 2-1-18 的（a）、（b）、（c）分别是包含边框的填充图案单击、双击、框选效果。

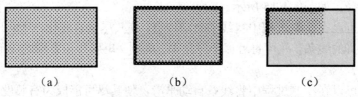

（a）　　　　　　　（b）　　　　　　　（c）

图 2-1-18　使用"选择工具"对矩形框不同操作的效果

- 配合 Shift 键：按住 Shift 键的同时，先单击某个对象，再单击其他对象，将选中多个对象。

技巧：单击时间轴上的某个帧可以选中该帧上的所有图形。

2. 移动对象

- 使用"选择工具"移动对象：选中要移动的对象，将鼠标指针放在选中的对象上，当出现带有十字方向箭头时，拖动对象即可。按下 Shift 键拖动，可以水平或垂直移动对象。
- 使用键盘上的方向键移动对象：选中要移动的对象，按下方向键即可移动对象，常用于细微的调整。每按下一次方向键，可移动一个像素，按住 Shift 键+方向键，每次可移动 10 个像素。

- 使用"属性"面板移动对象：选中要移动的对象，在属性窗口中定义 X 和 Y 的值确定坐标位置。这种方法可用于精确定位，如图 2-1-19 所示。使用属性窗口还可以对移动对象的宽和高进行精确定义。

图 2-1-19　使用"属性"面板精确定位

3．复制对象
- 使用"复制"和"粘贴"命令。
- 使用 Ctrl+鼠标拖动或 Alt+鼠标拖动。

4．曲线调整

利用选择工具，还可以对矢量线条和填充色块的形状进行调整。把鼠标指针移向线条附近时，鼠标指针右下角会出现一段弧线，按下鼠标左键拖动，可改变线条的弯曲度，如图 2-1-20 所示。对填充色块可采用同样的方法调整。

（a）　　　　　　　　（b）　　　　　　　　（c）

图 2-1-20　调整线条

当按下 Ctrl 或 Alt 键再拖动光标，则边框改变为带尖角的直线，如图 2-1-21 所示。

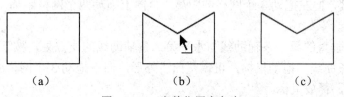

（a）　　　　　　　　（b）　　　　　　　　（c）

图 2-1-21　当前位置变角点

5．改变直线端点的位置

将鼠标指针移动到线段端点，当鼠标右下角出现直角时按下鼠标左键拖动到合适位置，如

图 2-1-22（a）所示，释放鼠标，如图 2-1-22（b）所示。

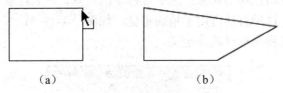

（a）　　　　　　　（b）

图 2-1-22　调整线段端点

2.2　案例：一颗红心——不规则图形的绘制与选择

【案例目的】绘制一颗红心。

【知识要点】使用钢笔工具绘制曲线、辅助线。

【案例效果】效果如图 2-2-1 所示。

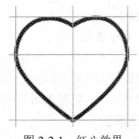

图 2-2-1　红心效果

【操作步骤】

（1）新建一个 Flash 文档（ActionScript 3.0）。

（2）如图 2-2-2（a）所示显示网格，并添加辅助线。选择"视图"→"贴紧"命令，单击"贴紧至网格线"按钮，取消"贴紧至辅助线"。这样可以使绘制的图形较为容易的贴紧网格，从而使绘制图形的大小更容易掌握。

（3）单击"钢笔工具"按钮。将鼠标移向水平第一条的辅助线中心点下面的第一个网格点，按下鼠标左键，向左拖动 3 个网格的距离，再向上拖动两个网格距离，至图 2-2-2（b）所示位置，松开鼠标。

（4）在左边垂直的第一条辅助线与水平第二条辅助线的交点处，按下鼠标左键，这时会在两点间画出一条曲线；拖动鼠标，可调整曲线外形，向下拖动 3 个网格的距离，至图 2-2-2（c）所示的位置，释放鼠标。

（5）在中间的垂直辅助线与水平第三条辅助线的交点处，单击鼠标（不要拖动）。出现图 2-2-2（d）所示的曲线。

（6）在右面垂直的第一条辅助线与水平第二条辅助线的交点处，按下鼠标左键，向上拖动鼠标 3 个网格的距离，至图 2-2-2（e）所示的位置，释放鼠标。

（7）将鼠标指针再次指向曲线的起始点，按下鼠标左键向下拖动两个网格的距离，再向左拖动 3 个网格的距离，至图 2-2-2（f）所示位置，放开鼠标，心形绘制完毕，然后取消网格线，删除辅助线。

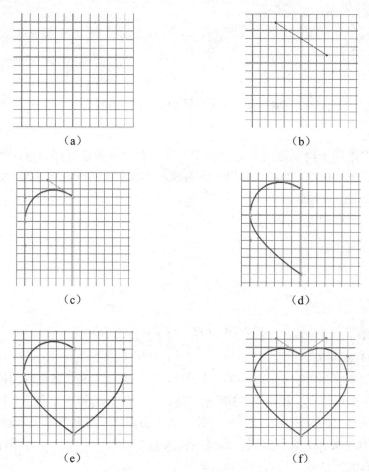

（a）　　　　　　　　　　　（b）

（c）　　　　　　　　　　　（d）

（e）　　　　　　　　　　　（f）

图 2-2-2　心的绘制

（8）按 Ctrl+Enter 键预览并测试动画效果，将文件保存为"钢笔绘制心形.fla"。

2.2.1　钢笔工具

用于绘制精确的路径，如直线或平滑、流动的曲线。可以创建直线或曲线段，然后调整直线段的角度和长度及曲线段的斜率，画出相应的曲线。

1. 画直线或多边形

单击"钢笔工具"按钮，选择合适位置分别单击，在该位置会产生一个锚点，并与前一个锚点相连。绘制的时候同时按下 Shift 键,可以绘制为 45 度的倍数角方向的锚点。要结束绘图,在最后一个点上双击或按住 Ctrl 键并单击。

图 2-2-3 中从左至右依次为画直线、不封闭多边形、封闭多边形和结合 Shift 键绘制的多边形效果。

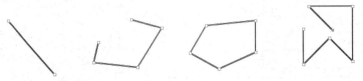

图 2-2-3　钢笔绘制直线的几种效果

2. 画曲线

钢笔工具更多地用于绘制曲线。选中钢笔工具,在舞台上选择起始点,然后在第二个锚点处单击鼠标不放进行拖拽,即可绘制出一条曲线,接着在第三点进行拖拽,就可以产生一条相连的曲线。拖拽的角度和长度不同会影响该锚点的弯曲度,如图 2-2-4 所示。生成带曲线的锚点称为曲线点,角点则没有控制曲率控制线。

图 2-2-4　钢笔工具绘制曲线

3. 将曲线点转换为角点

在曲线绘制完毕时,按下 Alt 键,可以看到鼠标指针变成尖角,将鼠标指针移向要转换成角点的曲线点,单击曲线点。如图 2-2-5 所示,第二个曲线点转换成了角点。可以直接将鼠标指针移向要转换成角点的曲线点,当鼠标指针右下角出现"一"号时单击该曲线点。

单击工具箱中"钢笔工具"按钮,选择"转换锚点工具"命令,鼠标指针会变成尖角。在需要改变成角点的曲线点上单击,如图 2-2-6 所示。

图 2-2-5　曲线点转换为角点　　　　　图 2-2-6　钢笔工具选项

4. 添加锚点

绘制复杂曲线时往往需要在已有的曲线上增加锚点来调整该点的曲率。

在图 2-2-6 所示的菜单中选择"增加锚点工具"，在需要增加锚点的曲线点上单击。选择钢笔工具，单击曲线，曲线上会出现锚点。将鼠标指针移向要添加锚点的位置，当鼠标指针右下角出现"+"号时，单击鼠标，如图 2-2-7（a）所示，图 2-2-7（b）是在 a 点增加锚点后的效果。

（a）   （b）

图 2-2-7　增加锚点

5．删除锚点

单击"钢笔工具"按钮，单击曲线，曲线上会出现锚点。将鼠标指针移向要删除锚点的附近位置，当鼠标指针右下角出现"x"号时，单击鼠标。

在图 2-2-6 所示的菜单中选择"删除锚点工具"，在需要删除锚点的曲线点上单击。图 2-2-8 是图 2-2-7 删除 b 锚点后的效果。

图 2-2-8　删除锚点

2.2.2　部分选取工具

1．调整形状

单击"部分选取工具"按钮，在对象的边缘线上单击，对象会出现多个节点，如图 2-2-9 所示。拖动节点可以调整对象的形状，如图 2-2-10 所示。

　　　　　　　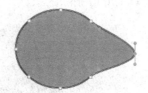

图 2-2-9　对象上的节点　　　　　　　图 2-2-10　调整对象的形状

2．移动对象

将鼠标指针移动到节点以外的线段上，当鼠标指针右下角出现黑色正方形时按下鼠标左键，可以拖动对象，如图 2-2-11 所示。

Chapter 2

3. 调整节点曲率

单击节点，将鼠标指针放在节点调节手柄尽头时，光标变为实心箭头，此时按下鼠标左键拖动，可以调整与该节点相邻线段的弯曲度，如图 2-2-12 所示。

图 2-2-11　移动对象　　　　　　　　　　图 2-2-12　调整节点曲率

4. 删除节点

单击节点，按 Delete 键将其删除。

2.2.3　套索工具

套索工具可以精确选择对象的任意部分。单击"套索工具"按钮后，鼠标移动到舞台后直接拖动鼠标即可在填充图形上选取任意形状的区域。如图 2-2-13 所示，使用套索工具选择任意区域。

选择"套索工具"，在工具箱下方会出现如图 2-2-14 所示的选项栏。

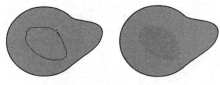 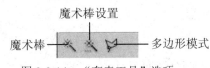

图 2-2-13　套索工具选择不规则区域　　　　　图 2-2-14　"套索工具"选项

● 魔术棒：主要用于编辑色彩变化比较丰富的图像，尤其适用于位图相近颜色范围的分离。使用时启动"魔术棒"模式后，将鼠标在需要选择的颜色处单击，可将该区域单击点的颜色及相近颜色都选中，如图 2-2-15 所示。选中后可以改变填充颜色，也可按 Delete 键删除区域。

图 2-2-15　利用魔术棒工具实现郁金香花丛的抠图

● 魔术棒设置：单击魔术棒设置可以打开"魔术棒设置"对话框，用于对魔术棒的属性进行设置，如图 2-2-16 所示。

图 2-2-16 "魔术棒设置"对话框

➤ 阈值：输入一个介于 1～200 之间的值，用于定义将相邻像素包含在所选区域内必须达到的颜色接近程度。数值越高，包含的颜色范围越广。

➤ 平滑：用于定义所选区域的边缘的平滑程度。它是对阈值的进一步补充。

● 多边形模式：启动多边形模式后，用鼠标拖动的方式绘制一个多边形，在终点处双击即可完成选择。可以改变填充颜色或删除选中部分，如图 2-2-17 所示。

图 2-2-17 套索工具的多边形模式

2.3 案例：气球——规则封闭图形与颜色的编辑

【案例目的】绘制一个气球。

【知识要点】椭圆工具、渐变色填充。

【案例效果】效果如图 2-2-18 所示。

图 2-2-18 气球效果

【操作步骤】

（1）新建一个 Flash 文档（ActionScript 3.0）。

（2）单击工具箱中的"矩形工具"中的椭圆工具，单击工具箱中颜色设置区的"笔触颜色"按钮，在打开的"颜色选择"面板中选择"红色"。同样的方法单击工具箱中颜色设置区的"填充颜色"按钮，在打开的"颜色选择"面板中选择"红色的径向渐变"，如图 2-2-19 所示。

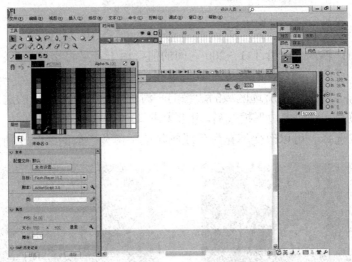

图 2-2-19　选取填充色

（3）打开"颜色"窗口，设置填充样式为"径向渐变"，如图 2-2-20（a）所示。在渐变颜色指示条上单击左侧的滑块，将颜色值设为"#ffffff"，右侧的滑块颜色值也设为"#ff0000"，如图 2-2-20（b）所示。

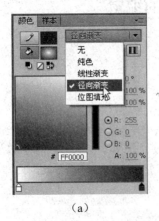

（a）

（b）

图 2-2-20　"颜色"窗口

（4）在舞台上按下鼠标左键拖动绘制椭圆，如图 2-2-21 所示。

（5）单击工具箱中"渐变工具"按钮，在椭圆上单击，此时图形上会出现如图 2-2-22 所示的 3 个操作手柄。

图 2-2-21　绘制椭圆

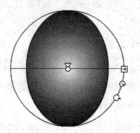

图 2-2-22　出现操作手柄

（6）拖动调节框的中心点，当鼠标指针变为十字箭头时，按下鼠标左键并拖动，可改变渐变色的填充位置，如图 2-2-23 所示。

（7）使用铅笔工具，绘制气球下端的结扣。单击工具箱中的"墨水瓶"工具中的"颜料桶"工具，在气球的结扣上单击，给结扣填充上颜色，如图 2-2-24 所示。再使用线条或铅笔工具绘制拉气球的绳子。

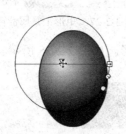

图 2-2-23　改变填充位置

图 2-2-24　绘制结扣

（8）按 Ctrl+Enter 键预览并测试动画效果，将文件保存为"气球.fla"。

2.3.1　矩形工具

Flash CS6 的矩形工具包括"矩形工具"、"椭圆工具"、"基本矩形工具"、"基本椭圆工具"、"多角星形工具"。用于绘制矩形、椭圆、圆角矩形、圆环、扇形、规则多边形的图形，如图 2-2-25 所示。

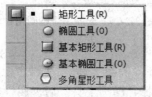

图 2-2-25　矩形工具

1. 笔触和填充颜色设置

选择"矩形工具"后，可使用工具箱中的"笔触颜色"面板和"填充颜色"面板中选择合适的颜色。"笔触颜色"面板的使用请参考线条工具，"填充颜色"面板使用方法与"笔触颜色"面板类似。

2. 矩形工具

矩形工具主要用于绘制矩形和正方形。方法：单击"矩形工具"按钮，在工具箱中的"笔触颜色"面板和"填充颜色"面板中选择合适的颜色，在舞台上按下鼠标左键拖动，即可绘制一个矩形，如图 2-2-26 所示。

选择"矩形工具"后，属性窗口会变为如图 2-2-27 所示。

图 2-2-26　绘制矩形

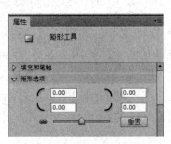

图 2-2-27　矩形工具属性窗口

调整矩形选项中的四个角的弧度值，可以绘制圆角矩形。如图 2-2-28 所示。

图 2-2-28　绘制圆角矩形

单击"将边角半径控件锁定为一个控件"，将锁链图标变为锁链断裂状态，就可以分别设置四个角的弧度了，如图 2-2-29 所示。

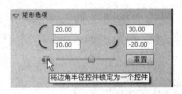

图 2-2-29　绘制不规则圆角矩形

3. 椭圆工具

单击"矩形工具"按钮，选择"椭圆工具"。在舞台上按下鼠标左键拖动可绘制椭圆。拖动时配合 Shift 键可绘制正圆。选择"椭圆工具"后，属性窗口会变为如图 2-2-30 所示。可改变开始角度、结束角度、内径、闭合等选项，绘制出扇形、弧形、内环等图形。

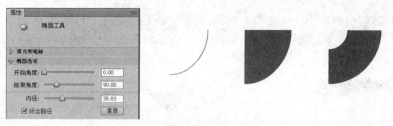

图 2-2-30　使用椭圆工具

4. 基本矩形工具

单击"基本矩形工具"按钮，绘制出一个矩形后，矩形的 4 个顶点上有 4 个黑点，使用"选择工具"来拖动黑点可以改变矩形的形状。如图 2-2-31 所示。用基本矩形绘制的图形是一个整体，即是一个对象，不能单独选择线条和填充。

图 2-2-31　基本矩形工具

5. 基本椭圆工具

选择"基本椭圆工具"绘制椭圆后，会发现椭圆右端和圆心有两个黑点，如图 2-2-32 左图所示。使用"选择工具"来拖动黑点可以改变椭圆的形状，如图 2-2-32 右图所示。

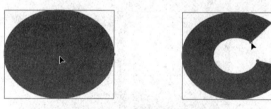

图 2-2-32　基本椭圆工具

6. 多角星形工具

选择"多角星形工具"，可以绘制对称多边形，如图 2-2-33 所示。

图 2-2-33　五边形

还可以单击属性窗口中的"选项"按钮，打开"工具设置"对话框，如图 2-3-34 所示。利用该对话框，可以绘制任意多边形，并改变多边形凹凸效果，如图 2-3-35 所示。

5 边星型
星型顶点大小为 0.5

6 边星型
星型顶点大小为 0.3

8 边多边型

图 2-2-34　"工具设置"对话框　　　　图 2-3-35　"多角星形工具"绘图

2.3.2　渐变色的填充与调整

为了达到特殊颜色需求，往往需要为一些图形填充一些渐变色，例如本案例中的气球，其他常见的七彩虹效果等。渐变工具可以实现这类需求。当绘制填充图形，需要设置特殊填充效果时，可选择"颜色"窗口（如果没有打开，可选择"窗口"菜单中的"颜色"打开）。

1．径向渐变

在"填充类选择框"中选择"径向渐变"，如图 2-3-36 所示。

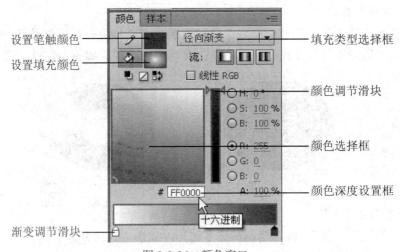

图 2-3-36　颜色窗口

选择"颜色"面板左侧的渐变调节滑块，在"颜色选择框"中选取合适的颜色，再拖动颜色调节滑块进行颜色调整，也可以通过"颜色深度设置框"对颜色进行设置。用相同方法设置右侧渐变调节滑块设置颜色。

拖动渐变调节滑块的位置，可以调节颜色的延长或缩短颜色的渐变过程，可以在进度条上的空白区域上，单击鼠标左键增加新的渐变调节滑块，以制作出多重渐变效果的渐变色。如

图 2-3-37 所示。图 2-3-38 是使用增加渐变调节滑块后绘制的椭圆。如果要删除渐变调节滑块，只需按住鼠标左键，将其拖到面板之外即可。

图 2-3-37　增加渐变调节滑块

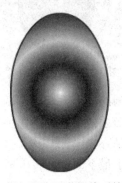

图 2-3-38　增加渐变调节滑块后绘制的椭圆

对于"填充类选择框"中"线性渐变"，可参考下节"荷塘景色"案例中天空的绘制方法。

2．位图填充

选择"填充类型选择框"中的"位图填充"，打开"导入到库"对话框，在对话框中选择需要的图片，如图 2-3-39 所示。此时绘制椭圆会发现椭圆被所选的图片填充，如图 2-3-40 所示。

图 2-3-39　"导入到库"对话框

图 2-3-40　图片填充

3．线性渐变

参考 2.4 节天空绘制。

2.3.3　渐变工具

单击工具箱中"渐变工具"按钮，在"径向渐变填充"的椭圆上单击，此时图形上会出现如图 2-3-41 所示的 3 个操作手柄。拖动调节框的中心点，当鼠标指针变为十字箭头时，按下鼠标左键并拖动，可改变渐变色的填充位置，如图 2-3-42 所示。

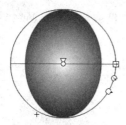
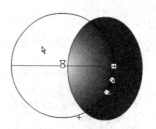

图 2-3-41　出现操作手柄　　　　　　图 2-3-42　改变填充位置

　　拖动右侧的方形手柄，可调整填充色的间距，如图 2-3-43 所示。

　　拖动方形手柄下方的操作手柄，可以调整颜色渐变的范围，使其沿中心位置扩大或缩小，如图 2-3-44 所示。

　　拖动位于最下面的旋转手柄可调整渐变色彩的填充方向，如图 2-3-45 所示。

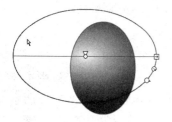
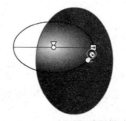

图 2-3-43　调整渐变间距　　图 2-3-44　改变填充色渐变范围　　图 2-3-45　改为渐变填充色方向

　　对于位图填充，可以使用渐变工具，通过拖动周围的手柄，调整填充图案的大小、方向、旋转角度等，如图 2-3-46 所示。

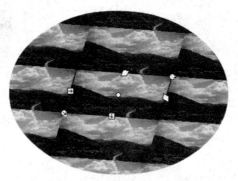

图 2-3-46　使用渐变工具改变"位图填充"效果

2.3.4　样式面板

　　选择"窗口"→"样式"命令，可以打开"样本"面板，用于设置笔触和填充颜色，如图 2-3-47 所示。

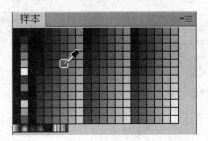

图 2-3-47   "样本"面板

2.4   案例：荷塘景色——对象的变形与填充

【案例目的】绘制荷塘景色。

【知识要点】渐变色填充、任意变形工具、颜料桶工具。

【案例效果】效果如图 2-4-1 所示。

图 2-4-1   荷塘景色效果

【操作步骤】

（1）绘制天空。

1）新建一个 Flash 文档（ActionScript 3.0）。

2）在舞台上绘制一个矩形，如图 2-4-2 所示。

3）单击"选择工具"按钮，选中画好的矩形。在属性窗口中设置 x 为 0，y 为 0，单击"锁定关系"按钮解除长和宽的锁定关系，然后设矩形宽为 550，高为 400，使矩形大小与舞台大小一致，如图 2-4-3 所示。

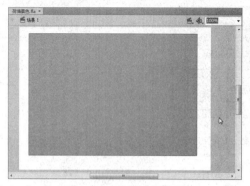

图 2-4-2 绘制天空背景

图 2-4-3 设置矩形大小为舞台大小

4）选中矩形，打开"颜色"窗口，设置填充样式为"线性渐变"，如图 2-4-4 所示。在渐变颜色指示条上单击左右侧的滑块，将颜色值设为 80E2EC，右侧的滑块颜色值也设为 80E2EC，在渐变颜色指示条的中心点单击可增加一个颜色控制滑块，设该点的颜色值为 FFFFFF，如图 2-4-5 所示。

图 2-4-4 设置线性渐变填充

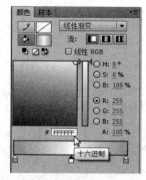

图 2-4-5 设置中心为白色的渐变色填充

5）选中舞台中绘制好的矩形，单击"工具箱"中的"任意变形工具"按钮，在弹出的菜单中选择"渐变变形工具"，设置舞台显示比例为 25%，将鼠标指针移动到右上角，鼠标会变为如图 2-4-6 旋转的四个箭头的样式。此时按下鼠标左键拖动顺时针旋转 90 度至图 2-4-7 位置。

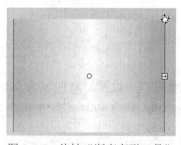

图 2-4-6 旋转"渐变变形工具"

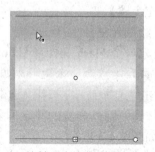

图 2-4-7 旋转"渐变变形工具"后效果

（2）绘制荷叶。

1）选择"插入"→"新建元件"命令，弹出"创建新元件"对话框，名称输入为"荷叶"，类型为影片剪辑，如图 2-4-8 所示。

2）选择"矩形工具"中的"椭圆工具"命令，单击工具箱中颜色设置区的"笔触颜色"按钮，在打开的"颜色选择"面板中选择"深绿色"。同样的方法单击工具箱中颜色设置区的"填充颜色"按钮，在打开的颜色选择面板中选择"浅绿色"。

3）在舞台上绘制椭圆，再利用"线条工具"绘制荷叶初稿，如图 2-4-9 所示。

图 2-4-8　"创建新元件"对话框

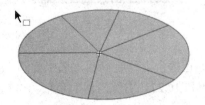

图 2-4-9　荷叶初稿

4）使用"选择工具"调整各直线或弧线的弯曲度，如图 2-4-10 所示。在此基础上再绘制叶脉直线并调整各直线和弧线的曲率，如图 2-4-11 所示。

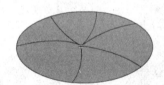

图 2-4-10　荷叶初稿 2

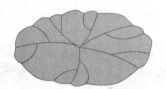

图 2-4-11　荷叶初稿 3

5）在"库"窗口中单击"新建元件"按钮，新建影片剪辑元件"小荷叶"，在舞台上绘制椭圆。填充色选择更深一点的绿色。如图 2-4-12（a）所示。画两条线段进行图形分割，如图 2-4-12（b）所示，选中分割出来的小扇形，按 Delete 键删除，如图 2-4-12（c）所示。

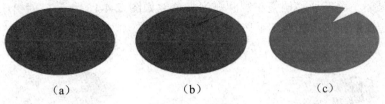

（a）　　　　　　　　（b）　　　　　　　　（c）

图 2-4-12　小荷叶

（3）绘制荷花。

1）创建影片剪辑元件"荷花"。选中椭圆工具，笔触颜色设置为无（图 2-4-13（a）），填充颜色设置为线性填充（图 2-4-13（b producer））。

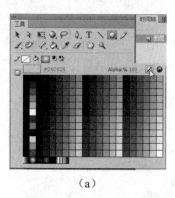
（a）

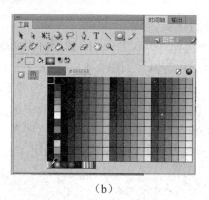
（b）

图 2-4-13　选择荷花填充色

2）在舞台上绘制椭圆，选中椭圆工具，打开"颜色"面板，颜色控制条左侧滑块颜色值设置为#FF1C27，右侧滑块颜色值为#FFFFFF，如图 2-4-14 所示。

图 2-4-14　设置荷花线性填充色

3）单击"选取工具"按钮，在舞台空白处单击，将鼠标指针移动至椭圆左端，按下 Alt 键的同时按下鼠标左键拖动，调整左侧圆弧为尖角，如图 2-4-15 所示。使用选择工具或部分选取工具调整边缘的曲率，如图 2-4-16 所示。

图 2-4-15　绘制单片荷花

图 2-4-16　调整单片荷花的曲率

4）将单片荷花拖动到如图 2-4-17 所示位置，使单片荷花右侧位于舞台中心点。

图 2-4-17　调整单片荷花在舞台中的位置

5）选择"任意变形工具"，将图形中心点的空心圆拖至右侧舞台中心点，即"+"字的位置，如图 2-4-18 所示。空心圆心决定了旋转的轴心。

图 2-4-18　调整单片荷花旋转中心点

6）打开"变形"面板，设置旋转角度为 30 度，单击右下角"重制选取和变形"按钮 7 次，如图 2-4-19 所示。舞台显示效果如图 2-4-20 所示。

 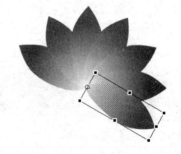

图 2-4-19　设置复制变形　　　　　　　　图 2-4-20　绘制荷花

7）选中整个荷花，选择"任意变形工具"，将鼠标指针移动至右上角，待鼠标指针变为带弧线的箭头时，拖动鼠标逆时针旋转将荷花调整至水平。如图 2-4-21 所示。

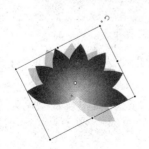 

图 2-4-21　调整荷花方向

（4）绘制云朵

新建影片剪辑元件"云朵"。选择椭圆工具，设笔触颜色为黑色，填充色为"#F5F5F5"，绘制椭圆，按照图 2-4-22 中的步骤画出 5 个圆。为了看清绘图步骤，图 2-4-22 在绘制过程中设置了笔触颜色，因此在最后绘制结束后删除了笔触。

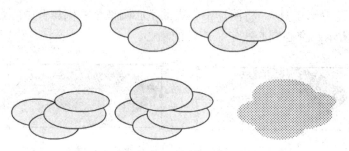

图 2-4-22　绘制云朵

云朵的颜色常见为白色，可以根据情况选择不同颜色绘制云，甚至使用渐变填充绘制多个颜色过渡形成的五彩云朵。

（5）绘制荷塘

1）单击"场景"选项卡，使工作区切换到场景舞台。

2）将"库"窗口的"荷叶"元件拖至舞台的合适位置。再拖入第二个，并使用"任意变形工具"调整两个荷叶的大小和宽高，如图 2-4-23 所示。

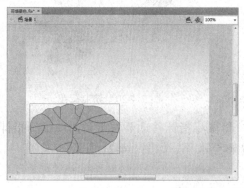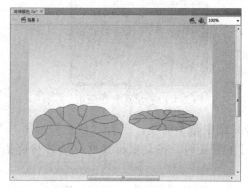

图 2-4-23　在舞台上添加荷叶

3）依次在舞台上添加小荷叶、荷花及云朵，并使用"选择工具"和"任意变形工具"调整大小及方向，如图 2-4-24 所示。

4）选择工具箱中的"刷子工具"，在"填充颜色"选择器中设置颜色为"#006600"。选择刷子工具后工具箱中选项工具区域的可以设置刷子的粗细（图 2-4-25）和刷头的形状（图 2-4-26）。

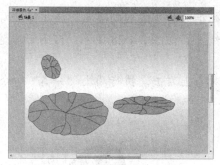

图 2-4-24　在场景中添加荷叶及荷花

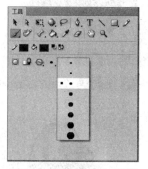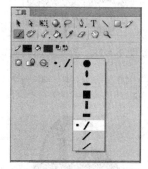

图 2-4-25　刷子粗细设置　　　　　　　　图 2-4-26　刷头形状设置

5）为荷叶和荷花绘制茎，如图 2-4-1 所示。

6）按 Ctrl+Enter 键预览并测试动画效果。将文件保存为"荷塘景色.fla"。

2.4.1　任意变形工具

任意变形工具主要用于改变图形的基本形状。可以使图形旋转、倾斜、放大缩小、变形等。选中图形，单击工具箱中的"任意变形工具"按钮，在图形周围会出现控制点，将鼠标指针靠近不同的位置时，鼠标指针会发生一些变化，从而完成不同的变形。如图 2-4-27 所示，是将鼠标指针靠近四个角时，鼠标指针会变成带箭头的弧形，此时按下鼠标左键拖动可以旋转图形。

图 2-4-27　旋转图形

　　将鼠标指针放在四个角的控制点上时，鼠标指针会变成双向箭头，此时拖动可以改变形状的大小。按下 Shift 键拖动可以等比例放大和缩小，如图 2-4-28 所示。按下 Ctrl 键拖动可以任意扭曲图形。

　　注意：图形必须是填充，不能是对象（在对象上右击，执行两次"分离"命令，可将矢量图变为填充），如图 2-4-29 所示。

图 2-4-28　改变图形大小

图 2-4-29　扭曲图形

　　鼠标指针靠近边框线，变为双向带箭头平行线时拖动改变倾斜度，如图 2-4-30 所示。

图 2-4-30　改变图形倾斜度

　　鼠标指针放在边框线的中间控制点上，变为双向箭头时时拖动改变图形的长或宽。如图 2-4-31 所示。拖动图形中间的空心圆，可以改变旋转时的轴心。

　　单击"任意变形工具"按钮后，在工具箱中会出现 5 个辅助工具按钮。如图 2-4-32 所示。

图 2-4-31　改变图形宽或长

图 2-4-32　"任意变形工具"属性面板

自左向右依次为：

- 贴紧至对象：将图形吸附在某条线框上。
- 旋转与倾斜：可以对图形执行旋转与倾斜。
- 缩放：可以对图形执行缩放。
- 扭曲：可以对图形执行扭曲。

● 封套：可以对图形执行封套，如图 2-4-33 所示。

图 2-4-33 执行封套效果

注意：扭曲和封套只对填充图形有效。

2.4.2 3D 旋转工具

3D 旋转工具只能对影片剪辑元件发生作用，因此在使用之前，必须先创建相应的影片剪辑元件。3D 旋转工具可以实现元件 x、y、z 轴的旋转，使用方法如下。

在舞台上添加影片剪辑元件，单击"3D 旋转工具"按钮，单击元件。此时，在元件中央会出现一个类似瞄准镜的图形，十字外围是两个圈，内圈为蓝色，外圈为橙色。当光标移动到红色的中心垂直线时，鼠标指针右下角会出现"x"，此时按下鼠标左键拖动可以实现元件 x 方向的旋转。当鼠标指针移动到绿色水平线时，鼠标指针右下角会出现"y"，此时按下鼠标左键拖动可以实现元件 y 方向的旋转。当鼠标指针移动到蓝色圆上时，鼠标指针右下角会出现"z"，此时按下鼠标左键拖动可以实现元件 z 方向的旋转。

图 2-4-34、2-4-35、2-4-36 分别显示了 x、y、z 方向的旋转效果。

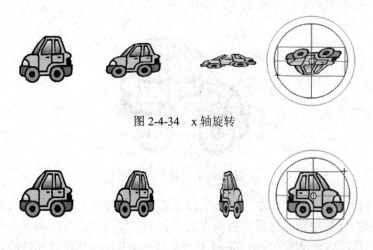

图 2-4-34 x 轴旋转

图 2-4-35 y 轴旋转

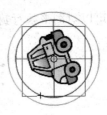

图 2-4-36　z 轴旋转

在旋转时灰色区域表示调节角度，如图 2-4-37 所示。

图 2-4-37　3D 旋转时调节角度

当鼠标指针移到橙色圆圈时，可对图像进行 x、y、z 轴的综合调整。通过属性窗口的"3D 定位和查看"选项可以对图形进行 x、y、z 轴的数值上的精确调整。通过"透视角度"和"消失点"可以改变透视角度和消失点的位置。

2.4.3　3D 平移工具

单击工具箱中的"3D 旋转工具"按钮，选择"3D 平移工具"，单击舞台需要平移的元件，元件上会出现红色水平和绿色垂直箭头，如图 2-4-38 所示。

图 2-4-38　3D 平移工具

- 将鼠标指针移动到红色水平箭头上按下鼠标左键拖动，可实现元件的水平移动。
- 将鼠标指针移动到绿色垂直箭头上按下鼠标左键拖动，可实现元件的垂直移动。
- 将鼠标指针移动到黑色实心圆心上按下鼠标左键拖动，可实现元件的 z 轴方向移动。

2.4.4 刷子工具

刷子工具可以绘制任意形状的矢量色块图形。

单击工具箱里的"刷子工具"按钮，在工具箱最下方会出现"刷子形状"设置、"刷子笔触大小"设置等按钮，如图 2-4-39 所示。

根据刷头的不同形状，刷头的粗细，可以绘制各类填充线条，如图 2-4-40 所示。刷子模式有 5 种填充方式的选择，分别是：

- 标准绘画：在同一层的线条和填充上以覆盖方式填充。
- 颜料填充：对填充区域和空白区域涂色，其他部分如边框不受影响。
- 后面绘画：在舞台上同一层的空白区域涂色，但不影响原有的线条和填充。
- 颜料选择：在选定区域内进行涂色，未被选中的区域不能够涂色。
- 内部绘画：在内部填充上绘图，但不影响线条。如果在空白区域中开始涂色，该填充不会影响任何现有填充区域。

图 2-4-39 刷子设置

图 2-4-40 刷子填充模式

2.4.5 喷涂刷工具

喷涂刷工具用来创建一些喷涂的效果，也可以使用库中已有影片剪辑元件来作为喷枪的图案。选择"工具箱"面板的"喷涂刷工具"，"属性"面板如图 2-4-41 所示。

图 2-4-41 书馆"喷涂刷工具"属性面板

1. 编辑按钮

可以打开"选择元件"对话框，可以选择预先存放好的影片剪辑或图形元件以用作"喷涂刷粒子"（相当于传统画笔的笔触形状），当用户选中某个元件，元件名称将显示在"编辑"按钮的旁边。如果没有预先存放元件，那么就按默认"点状图案"喷涂。操作步骤如下：

（1）新建影片剪辑元件"树叶"，在舞台上绘制绿色树叶，如图 2-4-42 所示。

图 2-4-42 "树叶"元件

（2）新建影片剪辑元件"树冠"，选择"喷涂刷工具"，在属性窗口中单击"编辑"按钮，在打开的"选择元件"对话框中选择"树叶"，如图 2-4-43 所示，单击"确定"后，"属性"面板设置如图 2-4-44 所示。

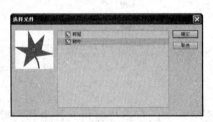

图 2-4-43 "选择元件"对话框

图 2-4-44 "喷涂刷工具"属性面板

（3）在舞台上合适位置单击，绘制如图 2-4-45 所示的树冠。

（4）新建影片剪辑元件"树干"，绘制效果如图 2-4-46 所示。

图 2-4-45 树冠

图 2-4-46 "树干"元件

（5）回到场景中，将树干元件和树冠元件拖到舞台合适位置，并调整合适的大小，如图 2-4-47 所示。

图 2-4-47　绘制大树

2. 颜色选取器

位于编辑按钮下方的"颜色块"，用于"喷涂刷"喷涂粒子的填充色设置。当使用"库"里元件图案喷涂时，将禁用颜色选取器。

3. 画笔宽度

表示喷涂笔触（当选用喷涂刷工具并且依次单击编辑舞台时的笔触形状）的宽度值，比如设置为 10%表示按默认笔触宽度尺寸的 10%来设置，200%表示按默认笔触宽度的 200%喷涂。

4. 画笔高度

表示喷涂笔触的高度值，比如设置 10%表示按默认笔触高度的 10%来设置，200%表示按默认笔触宽度的 200%来喷涂，以此类推。

5. 随机缩放复选框

将基于元件或者默认形态的喷涂粒子喷在画面中，其笔触的颗粒大小呈随机大小出现，简单说就是有大有小不规则地出现。

6. 旋转元件

编辑舞台定位一个轴心，喷涂刷将会默认该轴心为中心点，喷涂中旋转元件笔触。

7. 随机旋转

喷涂刷围绕一个画面轴心，随机产生旋转角度来进行喷涂描绘。

图 2-4-48 是喷涂刷的几种效果显示。

笔触宽高各**99**　　高**1**宽**99**　　　宽**99**高**1**　画笔角度顺时针**45**度

图 2-4-48　喷涂刷的几种效果

2.4.6 颜料桶工具

颜料桶工具主要用于给封闭区域的图形填色。使用方法为：

● 使用颜料桶工具先要有一个封闭图形。

● 在"颜色"面板或在工具箱的"填充色"面板中选择红色。

● 单击工具箱中的"墨水瓶工具"按钮，在出现的列表中选择"颜料桶工具"，单击封闭的心形图案，如图 2-4-49 所示。

图 2-4-49 "颜料桶"工具填充封闭图形

注意：当选择线性填充效果时，可以通过颜料桶工具在封闭图形内拖动的方式实现填充，拖动距离可以设置颜色过渡的范围，拖动方向可以设置颜色过渡的方向，如图 2-4-50 所示。

（a）横向拖动较长距离　　　　（b）横向拖动较短距离　　　　（c）斜向拖动较长距离

图 2-4-50 线性填充横向拖动颜料桶

如果是径向填充，在封闭图形内颜料桶单击的位置就是径向填充的中心点。

如图 2-4-51 所示是径向填充样式下颜料桶在封闭图形上、中、下、左、右处单击的填充效果。

选择"颜料桶工具"后，工具箱下面会出现"空隙大小"按钮，单击后出现 4 个选项，如图 2-4-52 所示。

 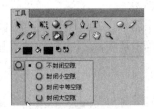

图 2-4-51 径向填充　　　　　　　　图 2-4-52 空隙大小按钮

● 不封闭空隙：在填充过程中要求图形边线完全封闭，如果边线有空隙，没有完全连接的情况，就不能填充任何颜色。

- 封闭小空隙：在填充过程中计算机可以忽略一些线段之间的小空隙，而且可以进行填充颜色。
- 封闭中等空隙：在填充过程中可以忽略一些线段之间较大的空隙，并可以进行填充颜色。
- 封闭大空隙：在填充过程中可以忽略一些线段之间的大空隙，并可以进行填充颜色。

空隙大小，默认情况下是选择的是"封闭小空隙"，使用时可以利用"放大镜工具"缩小图形，然后再使用"颜料桶工具"进行填充，颜色很容易被填充上了。

2.4.7　滴管工具

选择"滴管工具"，在舞台上已经存在对象中的填充或笔触单击，然后通过"颜料桶工具"或"墨水瓶工具"将它们应用在其他对象上。还允许从位图中取样，将其填充到其他区域中。

吸取填充色的操作方法：单击"滴管工具"按钮，移动至左侧图形的填充色上，单击鼠标，如图 2-4-53 左图所示。然后将鼠标指针移动到右图的填充色上单击，右侧图形的填充色被滴管吸取的颜色所取代，如图 2-4-54 所示。

图 2-4-53　吸取样本颜色

图 2-4-54　填充颜色

2.4.8　橡皮擦工具

橡皮擦工具在很多绘图工具里都用，用于擦除图形中多余的部分，如图 2-4-55 所示。

选择橡皮擦工具后，工具箱下面会出现"橡皮擦模式"按钮，单击后各选项擦除效果如图 2-4-56 所示。"橡皮擦形状"按钮可以设置橡皮头的大小和形状。

图 2-4-55　橡皮擦工具

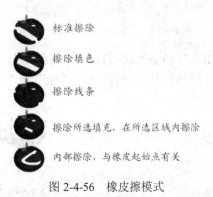

标准擦除

擦除填色

擦除线条

擦除所选填充，在所选区域内擦除

内部擦除，与橡皮起始点有关

图 2-4-56　橡皮擦模式

　　如果图形中某些区域是连续的，需要删除时，选择"水龙头"工具按钮，将光标移动到要删除的笔触段或填充区域上，单击就可以将其删除。

2.4.9　Deco 工具

　　Deco 工具可以快速用指定图案对指定区域进行填充，填充式既可以使用默认的图形作为图案，也可以使用库中的任何元件作为图案。选择"Deco 工具"后，工具箱下方会打开"Deco 工具属性"面板，如图 2-4-57 所示。

　　1. 藤蔓式填充

　　藤蔓式填充就像不断生长攀爬的植物茎叶一样蔓延到指定区域。

　　使用方法：单击"Deco 工具"按钮，在属性窗口中的绘制效果中选择"藤蔓式填充"。将光标移到圆角矩形内单击。可看到枝蔓图案动态的从鼠标单击点向四周蔓延，如图 2-4-58 所示。注意，鼠标单击点位置的不同，图案的缩放比例不同，填充结果也不同。因为 Flash 会自动计算要填充的空间是否能容纳图案。

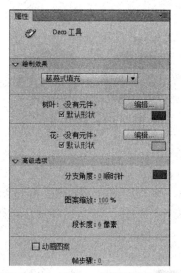

图 2-4-57　"Deco 工具属性"面板

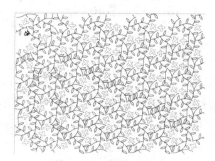

图 2-4-58　藤蔓式填充

　　如果叶和茎想使用自己绘制的效果，操作步骤如下：

　　（1）新建影片剪辑元件"叶"和"花"，花和叶的内容如图 2-4-59 所示。

叶　　　　　花

图 2-4-59　新建"叶"和"花"元件

（2）选择"Deco 工具"，在属性窗口中单击"树叶"后的"编辑"按钮，在弹出的对话框中选择"叶"元件，如图 2-4-60 所示。同样，设置"花"元件为花的属性值。

（3）在舞台任意位置单击，最终效果如图 2-4-61 所示。

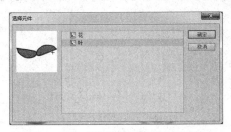

图 2-4-60   设置树叶为"叶"元件

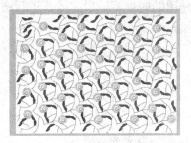

图 2-4-61   最终舞台效果

注意：如果选择属性窗口中"动画图案"，会自动生成相应的动画。

2. 网格填充

（1）新建两个影片剪辑元件，如图 2-4-62 所示。

图 2-4-62   元件一和元件二

（2）设置属性窗口中各项的值，如图 2-4-63 所示。

（3）选择"Deco"工具，在舞台上单击。填充效果如图 2-4-64 所示。

图 2-4-63   网格填充设置

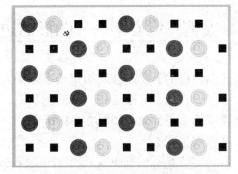

图 2-4-64   网格填充效果

用户可以更改属性窗口的设置实验不同的网格填充效果。

3. 其他刷子

Flash CS6 提供的 Deco 刷子效果比较多，如图 2-4-65 所示。

在使用的时候可以根据需要进行选择。图 2-4-66、2-4-67、2-4-68 示例了几种不同的 Deco 刷子效果。

图 2-4-65　Deco 刷子

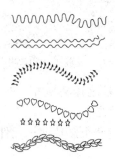

图 2-4-66　装饰性刷子

图 2-4-67　树刷子

图 2-4-68　花刷子

2.5　案例：空心字——图形描边与对象组合分离

【案例目的】绘制欢迎的空心字效果。

【知识要点】椭圆工具、渐变色填充。

【案例效果】效果如图 2-5-1 所示。

图 2-5-1　空心字

【操作步骤】

（1）新建一个 Flash 文档（ActionScript 3.0）。

（2）选择工具箱中的"文本工具"，属性窗口如图 2-5-2 所示。单击"字符"→"系列"

后的下箭头，现在字体为楷体，设置"大小"为"40"点，颜色为黑色。

图 2-5-2　文本工具属性窗口

（3）在舞台合适位置单击，输入"欢迎"，单击"选择工具"，将鼠标指针移动改到文字上右击，在弹出的快捷菜单中单击"分离"命令，如图 2-5-3（a）所示。在文字上再次右击，选择"分离"命令，如图 2-5-3（b）所示。

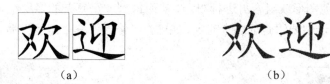

　　　　　（a）　　　　　　　　　　　　　　（b）

图 2-5-3　分离文字

（4）设置舞台显示比例为"400%"，选择工具箱中的"墨水瓶工具"，设置笔触颜色为红色，将鼠标指针移动到文字的边缘，分别在文字上单击，如图 2-5-4 所示。

（5）单击工具箱中的"选择工具"，选中文字内的填充，删除，空心字即制作完毕。如图 2-5-1 所示。

（6）按 Ctrl+Enter 键预览并测试动画效果。将文件保存为"空心字.fla"。

图 2-5-4　为文字描边

2.5.1　墨水瓶工具

　　墨水瓶工具可以改变线段的样式、粗细和颜色，墨水瓶工具可以为矢量图形添加边线，但它本身不具备任何的绘画能力。

1. 为线段更改颜色和属性

单击"墨水瓶工具"按钮，在"属性"面板中对线段的颜色，粗细和样式进行设置，使用"墨水瓶工具"单击要修改的线段，线段颜色和属性即被更改。

注意：对于"组"、"图形元件"、"按钮"、"影片剪辑"首先确认图形和线段是可编辑状态，可以双击进入"组"或"元件"，确认线段能被修改，然后使用"墨水瓶工具"进行线段的更改。

2. 为矢量图形添加边线

单击"墨水瓶工具"按钮，在"属性"面板中对边线的颜色、粗细、样式进行设置后，确认所要填充的图形为可编辑状态后，使用"墨水瓶工具"单击矢量图形，图形即被添加了边线。

2.5.2　组合与分离

组合就是将图形块或部分图形组成一个独立的单元，使其与其他的图形内容互相不干扰，以便绘制或进行再编辑。

组合后的图形将会以一个蓝色的边框表示选中状态。图形在组合后成为一个独立的整体，可以在舞台上任意拖动而其中的图形内容及周围的图形内容不会发生改变。组合后的图形可以被再次组合，或与其他图形或组合再进行组合，从而得到一个复杂的多层组合图形，如图 2-5-5 所示。操作方法是：选中要组合的多个对象，单击 "修改"→"组合"命令。

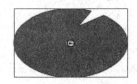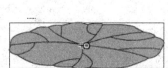

图 2-5-5　将两个对象组合

提醒：一个组合中可以包含多个组合及多层次的组合，如图 2-5-6 所示。

图 2-5-6　组合图形

"分离"命令与"组合"命令的作用正好相反。它可以将已有的整体图形分离为可以进行编辑的矢量图形块，用户可以对其再进行编辑。使用方法是选中要分离的对象，单击"修改"→"分离"命令。图 2-5-7 中自左至右分别是对一个矢量图像进行未分离、一次分离、两次分离、三次分离的效果。

图 2-5-7　分离矢量图形

2.6　案例：整齐按钮——对象的对齐与缩放

【案例目的】绘制整齐美观的按钮。

【知识要点】对象的对其、布局、组合。

【案例效果】效果如图 2-6-1 所示。

图 2-6-1　整齐按钮

【操作步骤】

（1）新建一个 Flash 文档（ActionScript 3.0）。

（2）在图层 1 上使用矩形工具和直线工具绘制如图 2-6-2 图形。填充色值为#FFFF66，笔触色值为#FFCC66。

图 2-6-2　圆角矩形

（3）新建元件"正圆"，绘制如图 2-6-3 所示圆。填充色值为#FF66CC，笔触色值为#FFFF66。

图 2-6-3　绘制正圆

（4）新建影片剪辑元件"旋转变形"，绘制圆角矩形，设置如图 2-6-4 所示。使用变形工具，将旋转中心控制点（空心圆）移动至底端，如图 2-6-5 所示。

图 2-6-4　绘制圆角矩形

图 2-6-5　调整旋转中心点

（5）打开"变形"面板，设置旋转角度为 30 度，单击"重制选取和变形"按钮，绘制如图 2-6-6 所示图形。

（6）新建影片剪辑元件"小太阳"，将绘制好的正圆元件与当前图形合并在一起，如图 2-6-7 所示。

图 2-6-6　旋转变形绘制

图 2-6-7　合并图形

（7）回到场景中，将创建好的"小太阳"重复拖至图 2-6-8 所示位置。

图 2-6-8　创建特殊按钮

（8）此时可以发现各个小太阳之间距离不等，且不在一条水平线上。打开"对齐"面板，选择"水平居中分布"，调整各小太阳之间的间距。选择"垂直中齐"，使选中对象延水平中线对齐，如图 2-6-9 所示。

图 2-6-9　垂直中齐

（9）按 Ctrl+Enter 键预览并测试动画效果，将文件保存为"整齐按钮.fla"。

2.6.1 "对齐"面板

当舞台上有多个对象需要对齐或平均分布时，通过鼠标拖动是难以准确实现的，此时可以使用"对齐"面板。单击"窗口"→"对齐"命令，弹出"对齐"面板，如图 2-6-9 左图所示。选中多个对象后可以通过"对齐对象"、"分布对象"、"分布间距"等调整对象之间的距离、对象分布情况等。

2.6.2 手型工具与缩放工具

手型工具与缩放工具都是辅助工具，它们不直接参与图形的绘制和修改。但是它们在制作过程中却起到很关键的作用。

1. 手型工具

单击"手型工具"按钮，在舞台上单击鼠标左键并拖拽可以移动舞台窗口的位置。

图 2-6-10 手型工具

提示：制作过程中，可以直接按住空格键进行当前工具与"手型工具"的切换。

2. 缩放工具

单击"缩放工具"按钮，在舞台上单击鼠标，实现舞台的放大功能，如图 2-6-11 所示。此时，在工具箱下方的选项区，可以选择缩小功能。

图 2-6-11 缩放工具

提示：同时按住 Ctrl 和"+"键放大图形，同时按住 Ctrl 和"-"键缩小放大图形。
使用场景窗口也可放大和缩小图形，如图 2-6-12 所示。

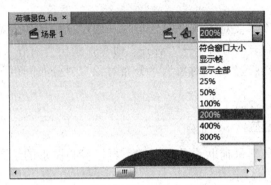

图 2-6-12　通过场景窗口放大和缩小图形

习题 2

一、填空题

1. Flash CS6 中的绘图模式分为_____绘图模式和_____绘制模式。
2. 刷子工具有_____种填充模式，分别是_____。
3. 铅笔工具的绘图模式分为_____、_____、_____。

二、简答题

1. 简述利用线条工具可以完成的功能。
2. 简述对象工具按钮的作用。
3. 简述渐变填充工具如何添加渐变颜色。

三、操作题

1. 使用椭圆工具和选取工具绘制如图 1 所示的树叶。

图 1　树叶

2. 使用椭圆工具和多边星形工具绘制图 2 和图 3。

图2　月亮和星星

图3　房子

3

文本的编辑

学习目标

- 了解 Flash 中的 TLF 文本和传统文本
- 掌握文本属性的设置方法
- 掌握编辑文本的方法
- 掌握对文本应用滤镜的方法

重点难点

- 创建文本
- 分离文本、以位图填充文本
- 制作各种文本效果
- 应用各种滤镜效果

3.1 案例：电子小报——TLF 文本

【案例目的】使用 TLF 文本制作电子小报。

【知识要点】创建 TLF 文本，设置 TLF 文本属性、容器和流。

【案例效果】效果如图 3-1-1 所示。

【操作步骤】

（1）新建一个 Flash 文档（ActionScript 3.0），设置舞台大小为 700×500 像素，背景色为淡绿色（#CCFFCC）。

图 3-1-1　电子小报效果

（2）在工具箱中单击"线条工具"按钮，在"属性"面板中设置笔触颜色为桔色（#CC6633），样式为虚线，笔触大小为 4。在舞台上绘制几条虚线。单击"椭圆工具"按钮，设置笔触颜色为无，填充颜色为红色到黑色的径向渐变，在舞台上绘制几个小球。如图 3-1-2 所示。

（3）单击"文本工具"按钮，在"属性"面板中设置类型为 TLF 文本，系列为黑体，大小为 40 点，颜色为蓝色。在舞台上单击鼠标输入文本"奥运小知识"，如图 3-1-3 所示。

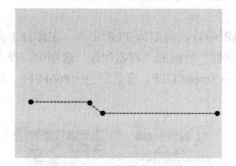

图 3-1-2　绘制线条和小球

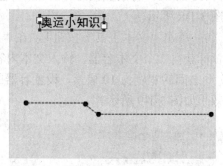

图 3-1-3　添加文本

（4）单击"文本工具"按钮，在"属性"面板中设置类型为 TLF 文本，系列为宋体，大小为 20 点，颜色为黑色，在舞台上单击鼠标输入文本"奥运的由来是什么？"，如图 3-1-4 所示。

（5）单击"文本工具"，在"属性"面板中设置类型为 TLF 文本，在舞台上向右拖动鼠标获得一个文本容器，输入文本内容，如图 3-1-5 所示。将鼠标移到出口图标上单击，移动鼠标，当鼠标光标变为形状时，将光标移动到要添加新容器的位置，按住鼠标左键拖动添加一个新容器，如图 3-1-6 所示。溢出的文本自动流入到新的容器中，如图 3-1-7 所示。

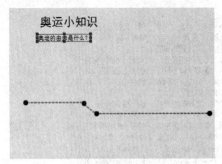

图 3-1-4　添加文本

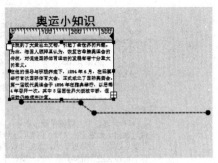

图 3-1-5　添加容器和文本

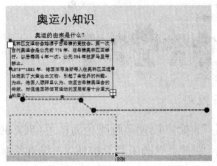

图 3-1-6　为溢出添加新容器

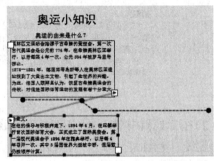

图 3-1-7　两个容器的关联

（6）分别选中两个文本容器，单击"属性"面板中"容器和流"选项，设置容器的边框颜色为#FFCC66，背景颜色为#FFFF99。在"段落"选项中设置缩进为 20 像素，设置后的效果如图 3-1-8 所示。

（7）单击"文本工具"按钮**T**，在"属性"面板中设置类型为 TLF 文本，在舞台上向右拖动鼠标获得一个文本容器，输入文本内容。在"属性"面板的"容器和流"选项中，设置列为 2，列之间的宽度为 10 像素，设置容器的边框颜色为#66CCFF，背景颜色为#66FFFF。设置后的效果如图 3-1-9 所示。

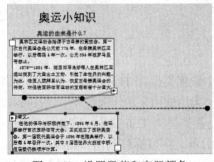

图 3-1-8　设置段落和容器颜色

图 3-1-9　添加文本

（8）执行"文件"→"导入"→"导入到舞台"命令，在弹出的"导入"对话框中选择

"3 文本的编辑\素材\制作电子小报" 文件夹中的位图文件 "奥运图标.jpg" 和 "福娃.jpg"，将两个图像导入到舞台上。单击 "任意变形工具" 按钮 █，分别对两个图像进行缩小操作，并移动放置到舞台上合适的位置，如图 3-1-1 所示。

（9）按 Ctrl+Enter 键预览并测试动画效果，将文件保存为 "电子小报.fla"。

3.1.1　TLF 文本类型

文本是动画重要的组成部分，在 Flash 中可以利用文本工具创建各种文字效果。在 Flash CS6 中添加了新文本引擎——文本布局框架（Text Layout Framework），简称 TLF。TLF 可以支持更多丰富的文本布局功能和对文本属性的精细控制。以前的文本引擎现在称为传统文本。

在 Flash CS6 中，若建立的文档是 ActionScript 3.0，其默认的文本引擎是 TLF。使用工具箱中的文本工具 **T**，可以创建两种类型的 TLF 文本，即点文本和区域文本。点文本的容器大小由其包含的文本所决定，而区域文本的容器大小与其包含的文本量无关。在 Flash CS6 中，默认创建的是点文本。

1．点文本

在工具箱中单击 "文本工具" 按钮 **T**，在舞台上单击，就会出现一个文本输入框。在文本框中输入文字，文本框会随着文字的输入而向右扩大。此时，文本框中文字不会自动换行，在需要换行时，按 Enter 键即可。按下 Esc 键即可完成文本的创建，在文本的周围有一个蓝色的高亮框，表示文本处于选中状态。

2．区域文本

在工具箱中单击 "文本工具" 按钮 **T**，在舞台上向右拖动鼠标获得一个文本框，这个文本框就是一个文本容器，如图 3-1-10 所示。在文本框中输入文字时，文本的输入范围将被限制在这个容器中，即当文字超出了这个范围时将会自动换行，如图 3-1-11 所示。

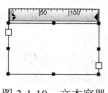
图 3-1-10　文本容器

图 3-1-11　输入文本效果

图 3-1-12　文本类型

根据文本在运行时的表现方式，TLF 文本包括 3 种类型的文本块：只读、可选和可编辑。选择在舞台上创建的文本，在 "属性" 面板 "文本类型" 下拉列表中可以选择文本的类型，如图 3-1-12 所示。

- 只读：当作为 SWF 文件发布时，文本无法选中或编辑。
- 可选：当作为 SWF 文件发布时，文本可以选中并可复制到剪贴板，但不可以编辑。对于 TLF 文本，此设置是默认设置。

● 可编辑：当作为 SWF 文件发布时，文本可以选中和编辑。

TLF 文本要求在 FLA 文件的发布设置中指定 ActionScript 3.0 和 Flash Player 10 或更高版本。

3.1.2 TLF 文本属性

1. 文本方向

对于 TLF 文本，文本有两种排列方向，水平方向和垂直方向。文本的排列方向，可以在 "属性" 面板的 "改变文本方向" 下拉列表中选择，如图 3-1-13 所示。

2. 设置字符样式

字符样式是应用于单个字符或字符组（而不是整个段落或文本容器）的属性。要设置字符样式，可使用文本 "属性" 面板中的 "字符" 和 "高级字符" 部分。"字符" 部分包括以下文本属性，如图 3-1-14 所示。

图 3-1-13　改变文本方向　　　　　　　图 3-1-14　字符属性

（1）系列：字体名称。在 "属性" 面板中单击 "系列" 后的下拉按钮，选择字体，如 "隶书"。

（2）样式：常规、粗体或斜体。TLF 文本对象不能使用仿斜体和仿粗体样式。某些字体还可能包含其他样式，例如黑体、粗斜体等。

（3）嵌入：嵌入字体以实现一致的文本外观。在嵌入字体时，Flash 会将所有字体信息存储在 SWF 文件中，因此，在播放 SWF 文件时即使用户计算机上没有安装的字体也可以正确显示。在嵌入字体时要注意以下情况：

● 对于 "消除锯齿" 属性设置为 "使用设备字体" 的文本对象，没有必要嵌入字体。

● 可编辑类型的 TLF 文本、输入文本类型的传统文本在使用时必须要嵌入字体。

● 在 FLA 文件中使用 ActionScript 动态生成文本时必须要嵌入字体。

单击 [嵌入...] 按钮，打开 "字体嵌入" 对话框，如图 3-1-15 所示，在该对话框中可以选择想为选定的文本字段嵌入的单个字符或字符集。在 "选项" 选项卡中，选择要嵌入字体的 "系列" 和 "样式"。在 "字符范围" 部分，选择要嵌入的字符范围，如果不确定需要哪些字符（例如，由于文本是从外部文件或 Web 服务中加载，或是由用户随机输入的），则可以选择要嵌入的整个字符集，如大写字母 [A..Z]、小写字母 [a..z]、数字 [0..9]、标点符号 [!@#%...] 以及用于几种不同语言的字符集。嵌入的字符越多，发布的 SWF 文件越大。

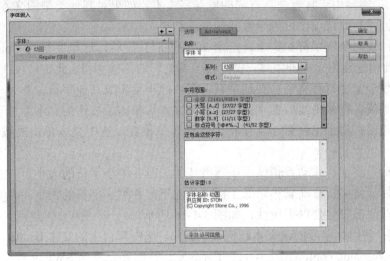

图 3-1-15　"字体嵌入"对话框

（4）大小：字符大小以像素为单位。

（5）行距：文本行之间的垂直间距。默认情况下，行距用百分比表示，但也可用点表示。

（6）颜色：文本的颜色。

（7）字距调整：所选字符之间的间距。

（8）加亮显示：加亮颜色。

（9）字距微调：在特定字符对之间加大或缩小距离。TLF 文本使用字距微调信息（内置于大多数字体内）自动微调字符字距。

（10）消除锯齿：有以下 3 种消除锯齿模式可供选择。

● 　使用设备字体：指定 SWF 文件使用本地计算机上安装的字体来显示字体。通常，设备字体采用大多数字体大小时都很清晰。此选项不会增加 SWF 文件的大小。但是，它强制依靠用户的计算机上安装的字体来进行字体显示。使用设备字体时，应选择最常安装的字体系列。

● 　可读性：使字体更容易辨认，尤其是字体大小比较小的时候。要对给定文本块使用此选项，请嵌入文本对象使用的字体（如果要对文本设置动画效果，请不要使用此选项，而应使用"动画"模式）。

● 　动画：通过忽略对齐方式和字距微调信息来创建更平滑的动画。要对给定文本块使用此选项，请嵌入文本块使用的字体。为提高清晰度，应在指定此选项时使用 10 点或更大的字号。

（11）旋转：可以旋转各个字符。为不包含垂直布局信息的字体指定旋转可能出现非预期的效果。旋转包括以下值：

- 0°：强制所有字符不进行旋转。
- 270°：主要用于具有垂直方向的罗马字文本。如果对其他类型的文本（如越南语和泰语）使用此选项，可能导致非预期的结果。
- 自动：仅对全宽字符和宽字符指定 90 度逆时针旋转，这是字符的 Unicode 属性决定的。此值通常用于亚洲字体，仅旋转需要旋转的那些字符。此旋转仅在垂直文本中应用，使全宽字符和宽字符回到垂直方向，而不会影响其他字符。

（12）下划线：将水平线放在字符下。选中文本后单击囗按钮为文本添加下划线。

（13）删除线：将水平线置于从字符中央通过的位置。选中文本单击囗按钮为其添加删除线。

（14）上标：将字符移动到稍微高于标准线的上方并缩小字符的大小。

（15）下标：将字符移动到稍微低于标准线的下方并缩小字符的大小。

"高级字符"部分包含以下属性，如图 3-1-16 所示。

（1）链接：使用此字段创建文本超链接。例如，选中舞台上的文本 baidu，在链接文本框中输入 http://www.baidu.com，如图 3-1-17 所示，则运行时在已发布 SWF 文件中单击文本就会打开对应的网页。目标用于链接属性，指定 URL 要加载到其中的窗口。目标包括以下值：

- _self：指定当前窗口中的当前帧。
- _blank：指定一个新窗口。
- _parent：指定当前帧的父级。
- _top：指定当前窗口中的顶级帧。

图 3-1-16　添加下划线

图 3-1-17　设置超链接

（2）大小写：指定如何使用大写字符和小写字符。大小写包括以下值：

- 默认：使用每个字符的默认字面大小写。
- 大写：指定所有字符使用大写字型。

- 小写：指定所有字符使用小写字型。
- 大写为小型大写字母：指定所有大写字符使用小型大写字型。此选项要求选定字体包含小型大写字母字型。
- 小写为小型大写字母：指定所有小写字符使用小型大写字型。此选项要求选定字体包含小型大写字母字型。

（3）数字格式：指定在使用 OpenType 字体提供等高和变高数字时应用的数字样式。

（4）数字宽度：指定在使用 OpenType 字体提供等高和变高数字时是使用等比数字还是定宽数字。

（5）主体基线：仅当打开文本属性检查器面板的选项菜单中的亚洲文字选项时可用。为明确选中的文本指定主体（或主要）基线（与行距基准相反，行距基准决定了整个段落的基线对齐方式）。

（6）对齐基线：仅当打开文本属性检查器面板的选项菜单中的亚洲文字选项时可用。可以为段落内的文本或图形图像指定不同的基线。例如，如果在文本行中插入图标，则可使用图像相对于文本基线的顶部或底部指定对齐方式。

（7）连字：连字是某些字母对的字面替换字符，如某些字体中的"fi"和"fl"。连字通常替换共享公用组成部分的连续字符。它们属于一类更常规的字型，称为上下文形式字型。使用上下文形式字型，字母的特定形状取决于上下文，例如周围的字母或邻近行的末端。请注意，对于字母之间的连字或连接为常规类型并且不依赖字体的文字，连字设置不起任何作用。这些文字包括：波斯-阿拉伯文字、梵文及一些其他文字。

（8）间断：用于防止所选词在行尾中断，例如，在用连字符连接时可能被读错的专有名称或词。中断包括以下值：

- 自动：断行机会取决于字体中的 Unicode 字符属性。此设置为默认设置。
- 全部：将所选文字的所有字符视为强制断行机会。
- 任何：将所选文字的任何字符视为断行机会。
- 无断行：不将所选文字的任何字符视为断行机会。

（9）基线偏移：此控制以百分比或像素设置基线偏移。如果是正值，则将字符的基线移到该行其余部分的基线下；如果是负值，则移动到基线上。在此菜单中也可以应用"上标"或"下标"属性。默认值为 0。范围是 +/- 720 点或百分比。

（10）区域设置：作为字符属性，所选区域设置通过字体中的 OpenType 功能影响字形的形状。例如，土耳其语等语言不包含 fi 和 ff 等连字。另一示例是土耳其语中 i 大写版本，即带有点的大写 i 而不是 I。

3. 设置段落样式

要设置段落样式，使用文本属性检查器的"段落"和"高级段落"部分。"段落"部分包括以下文本属性：

（1）对齐：此属性可用于水平文本或垂直文本。"左对齐"会将文本沿容器的开始端（从左到右文本的左侧）对齐。"右对齐"会将文本沿容器的末端（从左到右文本的右端）对齐。

（2）边距："开始"和"结束"这些设置指定了左边距和右边距的宽度（以像素为单位）。默认值为 0。

（3）缩进：指定所选段落的第一个词的缩进（以像素为单位）。

（4）间距：显示前后间距为段落的前后间距指定像素值。

（5）文本对齐：指示对文本如何应用对齐。文本对齐包括以下值：

- 字母间距：在字母之间进行字距调整。
- 单词间距：在单词之间进行字距调整。此设置为默认设置。

"高级段落"部分包括以下属性：

（1）标点挤压：此属性有时称为对齐规则，用于确定如何应用段落对齐。根据此设置应用的字距调整器会影响标点的间距和行距。标点挤压包括以下值：

- 自动：基于在文本属性检查器的"字符和流"部分所选的区域设置应用字距调整。此设置为默认设置。
- 间距：使用罗马语字距调整规则。
- 东亚：使用东亚语言字距调整规则。

（2）避头尾法则类型：此属性有时称为对齐样式，用于指定处理日语避头尾字符的选项，此类字符不能出现在行首或行尾。避头尾法则类型包括以下值：

- 自动：根据文本属性检查器中的"容器和流"部分所选的区域设置进行解析。此设置为默认设置。
- 优先进行最小调整：使字距调整基于展开行或压缩行（视哪个结果最接近于理想宽度而定）。
- 行尾压缩避头尾字符：使对齐基于压缩行尾的避头尾字符。如果没有发生避头尾或者行尾空间不足，则避头尾字符将展开。
- 仅向外推动：使字距调整基于展开行。

（3）行距模型：行距模型是由允许的行距基准和行距方向的组合构成的段落格式。行距基准确定了两个连续行的基线，它们的距离是行高指定的相互距离。行距方向确定度量行高的方向。如果行距方向为向上，行高就是一行的基线与前一行的基线之间的距离。如果行距方向为向下，行高就是一行的基线与下一行的基线之间的距离。行距模型包括以下值：

- 罗马语；向上：行距基准为罗马语，行距方向为向上。在这种情况下，行高是指某行的罗马基线到上一行的罗马基线的距离。
- 表意字顶部；向上：行距基线是表意字顶部，行距方向为向上。在这种情况下，行高是指某行的表意字顶基线到上一行的表意字顶基线的距离。
- 表意字中央；向上：行距基线是表意字中央，行距方向为向上。在这种情况下，行高是指某行的表意字居中基线到上一行的表意字居中基线的距离。
- 表意字顶部；向下：行距基线是表意字顶部，行距方向为向下。在这种情况下，行高是指某行的表意字顶端基线到下一行的表意字顶端基线的距离。

- 表意字中央；向下：行距基线是表意字中央，行距方向为向下。在这种情况下，行高是指某行的表意字中央基线到下一行的表意字中央基线的距离。
- 自动：行距模型是基于在文本属性检查器的"容器和流"部分所选的区域设置来解析的。（表意字顶部；对于日语、中文和罗马语向下；对于所有其他语言向上。）此设置为默认值。

4. 容器和流

TLF 文本属性检查器的"容器和流"部分控制影响整个文本容器的选项。这些属性包括：

（1）行为：此选项可控制容器如何随文本量的增加而扩展。行为包括下列选项：

- 单行：只显示一行。
- 多行：此选项仅当选定文本是区域文本时可用，当选定文本是点文本时不可用。
- 多行不换行：多行显示，不自动换行。
- 密码：使字符显示为点而不是字母，以确保密码安全。仅当文本（点文本或区域文本）类型为"可编辑"时菜单中才会提供此选项。它不适用于"只读"或"可选"文本类型。

（2）最大字符数：文本容器中允许的最大字符数。仅适用于类型设置为"可编辑"的文本容器。最大值为 65535。对齐方式指定容器内文本的对齐方式。设置包括：

- 顶对齐：从容器的顶部向下垂直对齐文本。
- 居中对齐：将容器中的文本行居中。
- 底对齐：从容器的底部向上垂直对齐文本行。
- 两端对齐：在容器的顶部和底部之间垂直平均分布文本行。

（3）列数：指定容器内文本的列数。此属性仅适用于区域文本容器。默认值是 1。最大值为 50。列间距指定选定容器中的每列之间的间距。默认值是 20。最大值为 1000。此度量单位根据"文档设置"中设置的"标尺单位"进行设置。

（4）填充：指定文本和选定容器之间的边距宽度。所有四个边距都可以设置"填充"。

（5）边框颜色：容器外部周围笔触的颜色。默认为无边框。

（6）边框宽度：容器外部周围笔触的宽度，仅在已选择边框颜色时可用，最大值为 200。

（7）背景色：文本后的背景色。默认值是无色。

（8）首行偏移：指定首行文本与文本容器的顶部的对齐方式。例如，可以使文本相对容器的顶部下移特定距离。在罗马字符中首行偏移通常称为首行基线位移。在这种情况下，基线是指某种字样中大部分字符所依托的一条虚拟线。当使用 TLF 时，基线可以是下列任意一种（具体取决于使用的语言）：罗马基线、上缘基线、下缘基线、表意字顶端基线、表意字中央基线和表意字底部基线。首行偏移可具有下列值：

- 点：指定首行文本基线和框架上内边距之间的距离（以点为单位）。此设置启用了一个用于指定点距离的字段。

- 自动：将行的顶部（以最高字型为准）与容器的顶部对齐。
- 上缘：文本容器的上内边距和首行文本的基线之间的距离是字体中最高字型（通常是罗马字体中的 d 字符）的高度。
- 行高：文本容器的上内边距和首行文本的基线之间的距离是行的行高（行距）。

文本容器之间的串接或链接仅对于 TLF（Text Layout Framework）文本可用，不适用于传统文本块。文本容器可以在各个帧之间和在元件内串接，只要所有串接容器位于同一时间轴内。

要链接两个或更多文本容器，可执行下列操作：

（1）使用"选择"工具或"文本"工具选择文本容器。

（2）单击选定文本容器的"进"或"出"端口（文本容器上的进出端口位置基于容器的流动方向和垂直或水平设置。例如，如果文本流向是从左到右并且是水平方向，则进端口位于左上方，出端口位于右下方。如果文本流向是从右到左，则进端口位于右上方，出端口位于左下方）。如图 3-1-18 所示。移动鼠标，鼠标将变为▶状态。

（3）然后执行以下操作之一：

- 要链接到现有文本容器，将指针定位在目标文本容器上。单击该文本容器以链接这两个容器。
- 要链接到新的文本容器，在舞台的空白区域单击或拖动。单击操作会创建与原始对象大小和形状相同的对象；拖动操作则可创建任意大小的矩形文本容器。还可以在两个链接的容器之间添加新容器。

（4）容器现在已链接，文本可以在其间流动，如图 3-1-19 所示。

图 3-1-18　单击出口　　　　　　　　　　　　　　图 3-1-19　两个容器链接

要取消两个文本容器之间的链接，可执行下列操作之一：

- 将容器置于编辑模式，然后双击要取消链接的进端口或出端口。文本将流回到两个容器中的第一个。
- 删除其中一个链接的文本容器。

创建链接后，第二个文本容器获得第一个容器的流动方向和区域设置。取消链接后，这些设置仍然留在第二个容器中，而不是回到链接前的设置。

5. 使用定位标尺

可以使用定位标尺将制表位添加到 TLF 文本容器中。当 TLF 文本容器处于编辑模式时将显示定位标尺。定位标尺显示为当前选定段落定义的制表位，还显示段落边距和首行缩进的标记。

（1）隐藏或显示定位标尺：单击执行"文本"→"TLF 定位标尺"命令。

（2）设置制表符的类型：双击一个标记或按住 Shift 键单击多个标记，并从菜单中选择一个类型。

- 开始、中心或末尾制表符：将文本的开始、末尾或中心与制表位对齐。
- 小数制表符：将文本中的一个字符与制表位对齐。此字符通常是默认显示在菜单中的一个小数点。若要与短划线或其他字符对齐，在菜单中输入短划线或其他字符。

（3）添加标签：在定位标尺中单击。制表符标记将显示在定位标尺中的该位置。

（4）移动制表符：将制表符标记拖动到新位置。（若要精确移动，请双击其制表符标记并为该标记输入一个像素位置。）

（5）删除制表符：向下拖动其标记，使之离开定位标尺，直到其消失。（如果文本纵向对齐，则将标记向左朝文本的方向拖动，直到其消失。）

（6）更改度量单位：执行"修改"→"文档"命令，然后从对话框的"标尺单位"菜单中选择一个单位。

6. 色彩效果

TLF 文本可以设置文本的色彩效果，在文本"属性"面板中的"色彩效果"中进行设置，如图 3-1-20 所示，"样式"下拉列表中包含以下几个子项。

- 无：默认选项，不设置颜色效果。
- 亮度：设置文本的相对亮度和暗度。度量范围是从－100%（黑）到 100%（白），0 为默认值。在文本框中输入值或者单击拖动滑杆可调整亮度，如图 3-1-21 所示。设置为 77%时的效果如图 3-1-22 所示。

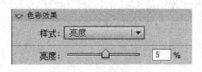

图 3-1-20　色彩效果　　　　图 3-1-21　设置亮度　　　　图 3-1-22　亮度效果

- 色调：为文本着色，如图 3-1-23 所示。可以直接单击调色板或者输入红、绿、蓝的颜色值，使用滑杆可设置色调百分比，从 0%（完全透明）到 100%（完全饱和）。

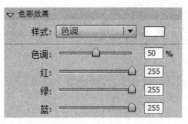

图 3-1-23　设置亮度

- 高级：可以单独调整实例的红、绿、蓝三原色和透明度，如图 3-1-24 所示。
- Alpha：调整实例的透明度，调节范围是从 0%（完全不可见）到 100%（完全饱和），如图 3-1-25 所示。

图 3-1-24　高级设置

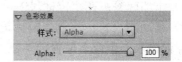

图 3-1-25　Alpha 设置

3.2　案例：文本效果——传统文本

【案例目的】使用传统文本制作各种文本效果。

【知识要点】创建传统文本，分离文本。

【案例效果】效果如图 3-2-1 所示。

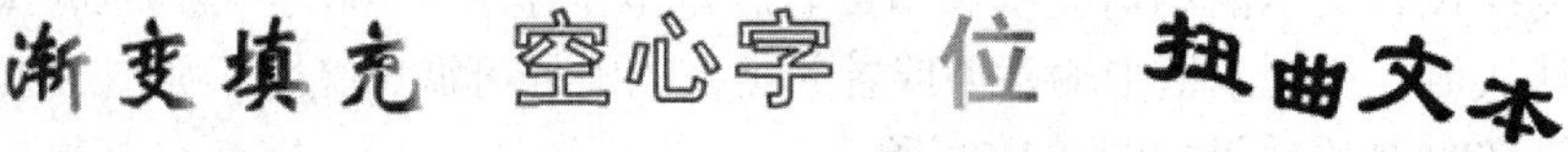

渐变填充　空心字　位　扭曲文本

图 3-2-1　案例效果

【操作步骤】

（1）新建一个 Flash 文档（ActionScript 3.0），设置舞台大小为 400×180 像素。

（2）单击工具箱中的"文本工具"按钮T，在舞台上单击鼠标输入静态文本"渐变填充"，在"属性"面板中设置字符的系列为华文新魏，字符大小为 54 点，颜色为黑色，如图 3-2-2（a）所示。选择文本，执行"修改"→"分离"命令，如图 3-2-2（b）所示；再次执行"分离"命令，如图 3-2-2（c）所示。文本经过两次分离操作后，转换为图形。选择图形文字后，在"颜色"面板中选择"线性渐变"填充类型，设置填充颜色依次为红色、蓝色和黄色，则渐变填充效果制作完成，如图 3-2-2（d）所示。

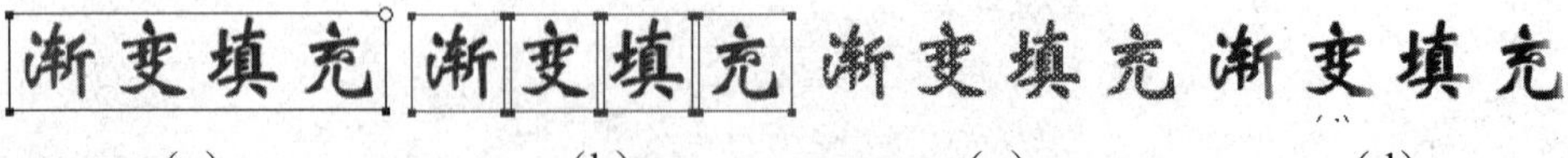

渐变填充　渐变填充　渐变填充渐变填充

（a）　　　　　（b）　　　　　（c）　　　　　（d）

图 3-2-2　渐变填充操作

（3）选中图层 1 的第 11 帧，按下 F7 快捷键，插入一个空白关键帧。单击工具箱中的"文本工具"按钮T，在舞台上单击输入静态文本"空心字"，在"属性"面板中设置字符系列为黑体，大小为 54 点，颜色为黑色，如图 3-2-3（a）所示。选择文本，执行"修改"→"分离"命令，再次执行"分离"命令，如图 3-2-3（b）所示。文本经过两次分离操作后，转换为图形。单击"墨水瓶工具"按钮，在"属性"面板中设置笔触颜色为红色，笔触高度为 2，在每个字的边缘单击，如图 3-2-3（c）所示。选择每个字的黑色填充部分，按 Delete 键执行删除操作，空心字效果制作完成，如图 3-2-3（d）所示。

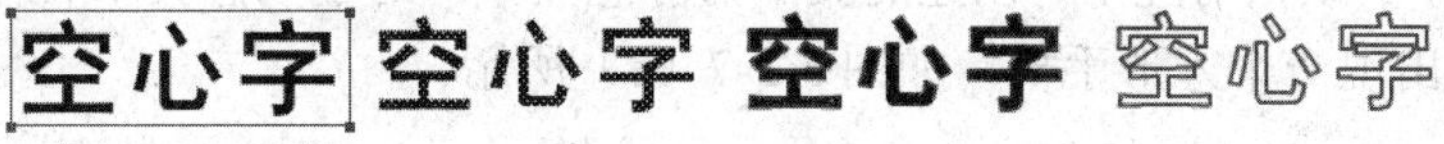

(a)　　　　　(b)　　　　　(c)　　　　　(d)

图 3-2-3　空心字制作

（4）选中图层 1 的第 21 帧，按下 F7 快捷键，插入一个空白关键帧。单击工具箱中的"文本工具"按钮 T，在舞台上单击输入静态文本"位"，在"属性"面板中设置字符系列为黑体，大小为 54 点，颜色为黑色，如图 3-2-4（a）所示。选择文本，执行"修改"→"分离"命令，文本经过分离操作后转换为图形，如图 3-2-4（b）所示。单击"颜料桶工具"按钮，在"颜色"面板中，选择位图填充类型，导入一张图片。使用颜料桶工具在文字上单击，即可填充。如图 3-2-4（c）所示。

（5）选中图层 1 的第 31 帧，按下 F7 快捷键，插入一个空白关键帧。单击工具箱中的"文本工具"按钮 T，在舞台上单击输入静态文本"扭曲文本"，在"属性"面板中设置字符系列为隶书，大小为 54 点，颜色为黑色，如图 3-2-5（a）所示。选择文本，执行"修改"→"分离"命令，再次执行"分离"命令，如图 3-2-5（b）所示。文本经过两次分离操作后，转换为图形。使用工具箱中的任意变形工具，可以执行某个单独的变形操作，也可将多个变形操作组合在一起。如图 3-2-5（c）所示。选中第 40 帧，按下 F5 快捷键，插入普通帧。

(a)　(b)　(c)

图 3-2-4　位图填充效果

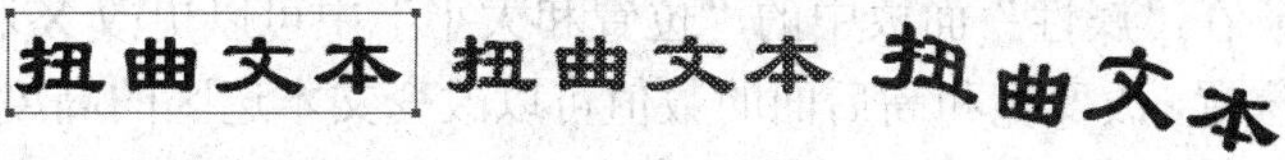

(a)　　　　　(b)　　　　　(c)

图 3-2-5　扭曲文字效果

（6）按 Ctrl+Enter 键预览并测试动画效果，将文件保存为"文本效果.fla"。

3.2.1　传统文本类型和创建

Flash 中的传统文本分为静态文本、动态文本和输入文本 3 种类型。

● 静态文本：在动画播放时，文字的内容是固定不变的，只能通过 Flash 文本工具创建。
● 动态文本：在动画播放时，可以动态更新的文本字段，通过事件的激发来改变文本的内容。
● 输入文本：在动画播放时，提供用户输入的文本，可与用户产生互动。

单击工具箱中的"文本工具"按钮**T**，执行"窗口"→"属性"命令，弹出文本工具"属性"面板，如图 3-2-6 所示。移动鼠标到舞台上，鼠标变为┼形态，在舞台上单击后即可输入文本，该行会随输入而扩展，在该文本字段的右上角会出现一个圆形手柄，此状态为扩展模式，如图 3-2-7（a）所示；也可以用鼠标在舞台上拖动一个矩形框，然后输入文本，到达矩形框最右端后将自动换行，在该文本字段的右上角会出现一个方形手柄，此状态为固定宽度模式，如图 3-2-7（b）所示。默认情况下，创建的文本为静态文本，对于动态文本和输入文本，会在文本字段的右下角出现一个方形手柄，如图 3-2-7（c）所示。

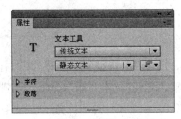

图 3-2-6 "属性"面板

（a） （b） （c）

图 3-2-7 各种模式

3.2.2 传统文本的属性

1. 位置和大小

在"属性"面板中的"位置和大小"中可以更改 X 和 Y 的坐标值从而改变文本在舞台上的位置，改变宽和高后面的数值可以改变文本选区的高度和宽度。对于静态文本只能改变文本选区的宽度，高度不可修改。单击 （ ）按钮可以将宽度和高度的值锁定（解锁）在一起。

2. 文本方向

对于传统文本，静态文本类型在"属性"面板的"改变文本方向"下拉列表中有三种选择，分别是水平、垂直和垂直，从左向右。对于输入文本和动态文本则不能更改文本方向。

3. 设置字符样式

选中舞台上的传统文本，在"属性"面板中可以通过"字符"选项更改文本的样式，如图 3-2-8 所示。字符包含以下几个选项：

（1）系列：在属性面板中单击"系列"后的下拉按钮，选择一种字体，如"隶书"。

（2）样式：单击"样式"后的下拉按钮，可将文本设置成粗体和斜体样式。

（3）大小：在"大小"后的数值处，按住鼠标左键左右拖动改变数值，数值范围是 8～96 之间的任意一个整数；或者直接输入字体大小的数值，其范围是 0～2500 之间的任意一个整数。

图 3-2-8 "属性"面板

（4）字母间距：在"字母间距"的数值处，按住鼠标左键左右拖动改变数值，或者在文本框中输入值，用来调整字符的间距。

（5）颜色：单击"颜色"按钮███，从颜色拾取器中选择颜色。

（6）字符位置：单击T按钮，切换为上标，将文本放在基准线的上方；单击T.按钮，切换为下标，将文本放在基准线的下方。

（7）字体呈现方式："属性"面板上的"消除锯齿"下拉列表中包括各种文本块，用来指定消除锯齿选项。

- 设备字体：指定 SWF 文件使用本地计算机上安装的字体来显示字体。通常，设备字体采用大多数字体大小时都很清晰。尽管此选项不会增加 SWF 文件的大小，但会使字体显示依赖于用户计算机上安装的字体。使用设备字体时，应选择最常安装的字体系列。

- 位图文本：关闭消除锯齿功能，不对文本提供平滑处理。用尖锐边缘显示文本，由于在 SWF 文件中嵌入了字体轮廓，因此增加了 SWF 文件的大小。位图文本的大小与导出大小相同时，文本比较清晰，但对位图文本缩放后，文本显示效果比较差。

- 动画消除锯齿：通过忽略对齐方式和字距微调信息来创建更平滑的动画。此选项会导致创建的 SWF 文件较大，因为嵌入了字体轮廓。为提高清晰度，应在指定此选项时使用 10 磅或更大的字号。

- 可读性消除锯齿：使用 Flash 文本呈现引擎来改进字体的清晰度，特别是较小字体的清晰度。此选项会导致创建的 SWF 文件较大，因为嵌入了字体轮廓。若要使用此选项必须发布到 Flash Player 8 或更高版本。如果要对文本设置动画效果，建议不要使用此选项，而应使用"动画消除锯齿"。

- 自定义消除锯齿：可以修改字体的属性。使用"清晰度"可以指定文本边缘与背景之间的过渡的平滑度。使用"粗细"可以指定字体消除锯齿转变显示的粗细。较大的值会使字符看上去较粗。指定"自定义消除锯齿"会导致创建的 SWF 文件较大，因为嵌入了字体轮廓。若要使用此选项，必须发布到 Flash Player 8 或更高版本。

（8）可选：若要允许用户选择文本，可单击"可选"按钮AB。取消选中此选项将使用户无法选择文本。此处的选中文本操作是在运行的 SWF 文件中进行的，选择文本之后，用户可以复制或剪切文本，然后将文本粘贴到单独的文档中。

（9）将文本呈现为 HTML：若要用适当的 HTML 标签保留丰富文本格式（如字体和超链接），可单击"将文本呈现为 HTML"按钮。

（10）在文本周围显示边框：若要为文本字段显示黑色边框和白色背景，可单击"在文本周围显示边框"按钮。

4．设置段落样式

在"属性"面板"段落"选项中可以设置文本的段落样式，如图 3-2-9 所示。各选项解释如下：

（1）格式：是指段落中的每行文本相对于文本边缘的位置。在"属性"面板中单击"格式"后的左对齐、居中对齐、右对齐和两端对齐来设置对齐方式。

（2）间距：后设置的是缩进量，单位是像素，缩进量是首行开头与段落边界之间的距离。后设置的是行距，单位是点，行距是段落中行与行之间的距离。

（3）边距：边距是指文本与边框之间的距离。分为左边距和右边距，单位是像素。

（4）行为：对于静态文本此选项是不可用的。对于动态文本此选项包含单行、多行和多行不换行，用来设置文本的显示方式，如图 3-2-10 所示。对于输入文本此选项包含单行、多行、多行不换行和密码，如图 3-2-11 所示，其中选择密码选项时，文本将以＊显示代替字符。

 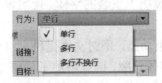 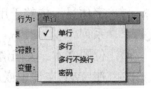

图 3-2-9　段落　　　　　　图 3-2-10　动态文本时　　　　　图 3-2-11　输入文本时

5．选项

对于静态文本，"选项"中包含链接和目标。选中舞台上的文本，在链接文本框中输入对应的网址，"目标"下拉列表会被激活，用来设置将以何种方式打开显示超链接对象的浏览器窗口。

对于动态文本，除了可以设置链接和目标之外，还有一个变量选项。在"变量"框中，输入该文本字段的变量名称。仅当针对 Adobe 的 Macromedia Flash Player 5 或更早版本进行创作时，才使用此选项。

对于输入文本，选项中包含最大字符数和变量。最大字符数是指 SWF 文件运行时允许用户最多输入的字符个数。

3.3　案例：投影字和立体字——文本滤镜

【案例目的】使用文本滤镜效果制作投影字和立体字。

【知识要点】投影滤镜，渐变斜角滤镜。

【案例效果】效果如图 3-3-1 和图 3-3-2 所示。

图 3-3-1　案例效果

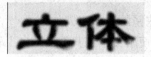

图 3-3-2　案例效果

【操作步骤】

（1）新建一个 Flash 文档（ActionScript 3.0），设置舞台大小为 200×100 像素，背景色淡黄色（#FFFF99）。

（2）在工具箱中选择"文本工具"按钮 **T**，在"属性"面板中设置字符系列为华文行楷，大小为 59，颜色为黑色（#000000），输入文本"投影"。选中文本，打开"属性"面板，单击滤镜后，单击按钮⬛的下拉列表，选择"投影"效果，设置效果的参数如图 3-3-3 所示。

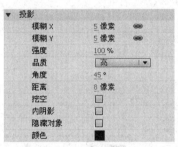

图 3-3-3　设置投影参数

（3）选中图层 1 的第 11 帧，按下 F7 快捷键，插入一个空白关键帧。在工具箱中单击"文本工具"按钮 **T**，在"属性"面板中设置字符系列为隶书，大小为 88，颜色为黑色（#000000），输入文本"立体"。选中文本，在"属性"面板，单击滤镜后，单击⬛按钮的下拉列表，选择"渐变斜角"效果，角度设为 45，距离为 8，颜色条从左到右依次为黄色、蓝色和红色，设置的参数如图 3-3-4 所示。选中文本，在"属性"面板，单击滤镜后，单击⬛按钮的下拉列表，选择"模糊"效果，X 和 Y 方向的模糊值都设置为 3，设置效果的参数如图 3-3-5 所示。

图 3-3-4　渐变斜角参数设置

图 3-3-5　模糊参数设置

（4）按 Ctrl+Enter 键预览并测试动画效果，将文件保存为"文本滤镜.fla"。

3.3.1　创建文本滤镜

使用滤镜的操作步骤如下：

（1）使用文本工具 T 在舞台上输入静态文本 Flash。

（2）选中舞台中的文本对象，在"属性"面板中单击"滤镜"选项，单击 按钮，可以显示滤镜的预设、滤镜的管理和滤镜列表，如图 3-3-6 所示。

（3）在滤镜列表中选择"模糊"选项，舞台上的文本效果如图 3-3-7 左图所示。在"滤镜"面板中显示模糊滤镜的参数设置，如图 3-3-7 右图所示。

图 3-3-6　"滤镜"面板　　　　　　　　　　　图 3-3-7　"模糊"效果设置

（4）单击滤镜列表中的"投影"选项，舞台上的文本效果如图 3-3-8 左图所示。如图 3-3-8 右图所示，"滤镜"面板中显示了两种滤镜，单击 按钮，可删除当前选中的滤镜（颜色加深显示为选中状态）；单击"剪贴板"按钮 ，在弹出的列表中进行选择实现复制和粘贴操作。

图 3-3-8　"模糊"和"投影"两种滤镜效果的应用

3.3.2 滤镜效果

Flash CS6 中的滤镜功能可以制作很多特殊效果，共提供了 7 种滤镜，分别是投影、模糊、发光、斜角、渐变发光、渐变斜角和调整颜色。

下面介绍各种滤镜效果。

1. 投影滤镜

使用投影滤镜效果，"滤镜"面板如图 3-3-9 所示，可以控制的参数有以下几种。

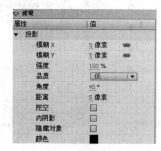

图 3-3-9 投影滤镜面板

- 模糊 X 与模糊 Y：分别对 X 轴和 Y 轴两个方向设定投影的模糊程度，值越大，模糊程度越大。单击其后面的锁定按钮，可以解除 X 和 Y 方向的比例锁定。
- 强度：设置投影的强烈程度，数值越大，阴影就越暗。
- 品质：设置投影的质量级别。可以选择高、中、低参数，品质越高，投影越清晰。
- 颜色：设置投影的颜色。
- 角度：设置投影的角度，输入一个值，或者单击角度选取器并拖动角度盘。
- 距离：设置阴影与对象之间的距离。
- 挖空：可挖空对象，并在挖空图像上只显示投影，如图 3-3-10（a）所示。
- 内阴影：在对象边界内应用阴影，如图 3-3-10（b）所示。
- 隐藏对象：只显示投影而不显示原来的对象，如图 3-3-10（c）所示。

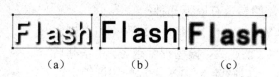

（a）　　　　（b）　　　　（c）

图 3-3-10 投影滤镜参数对应效果

2. 模糊滤镜

使用模糊滤镜效果，"滤镜"面板如图 3-3-11 所示，可以控制的参数有以下几种。

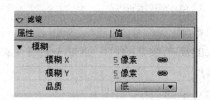

图 3-3-11 模糊滤镜

- 模糊 X 与模糊 Y：分别对 X 轴和 Y 轴两个方向设定模糊程度，值越大，模糊程度越大。单击其后面的锁定按钮，可以解除 X 和 Y 方向的比例锁定。

- 品质：设置模糊的质量级别。可以选择高、中、低，品质越高，模糊效果越明显。

3. 发光滤镜

使用发光滤镜效果可以制作发光的效果，"滤镜"面板如图 3-3-12 所示，可以控制的参数有以下几种。

- 模糊 X 与模糊 Y：分别对 X 轴和 Y 轴两个方向设定发光的模糊程度，值越大，模糊程度越大。单击其后面的锁定按钮，可以解除 X 和 Y 方向的比例锁定。
- 强度：设置发光的强烈程度。数值越大，发光的显示越清晰、强烈。
- 颜色：设置投影的颜色。
- 品质：设置发光的质量级别。可以选择高、中、低 3 个参数，品质越高，发光越清晰。
- 挖空：挖空源对象并在挖空图像上只显示发光，如图 3-3-13（a）所示。
- 内发光：设置发光的生成方向指向对象内侧，如图 3-3-13（b）所示。

图 3-3-12　发光滤镜

（a）　　　　　　（b）

图 3-3-13　发光效果应用

4. 斜角滤镜

使用斜角滤镜可以制作立体的浮雕效果，"滤镜"面板如图 3-3-14 所示，可以控制的参数有以下几种：

图 3-3-14　斜角滤镜

- 模糊 X 与模糊 Y：分别对 X 轴和 Y 轴两个方向设定斜角的模糊程度，值越大，模糊程度越大。单击其后面的锁定按钮，可以解除 X 和 Y 方向的比例锁定。
- 强度：设置斜角的强烈程度。数值越大，斜角的效果越明显。
- 品质：设置斜角倾斜的质量级别。可以选择高、中、低参数，品质越高，斜角效果越明显。
- 阴影：设置斜角的阴影颜色。
- 加亮显示：设置斜角的高光加亮颜色，如图 3-3-15（a）所示。
- 角度：设置斜角的角度。
- 距离：设置斜角距离对象的大小。
- 挖空：挖空源对象并在挖空图像上只显示斜角效果，如图 3-3-15（b）所示。
- 类型：设置斜角的应用位置，可选择"内侧"、"外侧"、"整个"。选择"外侧"选项时，效果如图 3-3-15（c）所示。选择"整个"选项时，效果如图 3-3-15（d）所示。

（a） （b） （c） （d）

图 3-3-15 发光滤镜应用

5．渐变发光滤镜

使用渐变发光滤镜可以调节发光的颜色为渐变颜色，"滤镜"面板如图 3-3-16 所示，可以控制的参数有如下几种：

图 3-3-16 渐变发光滤镜

- 模糊 X 与模糊 Y：分别对 X 轴和 Y 轴两个方向设定发光的模糊程度，值越大，模糊程度越大。单击其后面的锁定按钮，可以解除 X 和 Y 方向的比例锁定。
- 强度：设置渐变发光的强烈程度。数值越大，渐变光的显示越清晰。
- 品质：设置渐变发光的质量级别。可以选择高、中、低参数，品质越高，发光越清晰。
- 角度：设置渐变发光的角度。
- 距离：设置渐变发光的距离大小。
- 渐变色条：设置渐变颜色，默认是白色到黑色的渐变。把鼠标移到色条上，当鼠标指针变为 形状时，单击即可在此处添加新的颜色控制点。单击颜色控制点的色块，弹出颜色选择器，设置新的颜色。用鼠标移动控制点的位置，可改变颜色的过渡效果。如图 3-3-17 所示。
- 挖空：挖空源对象并在挖空图像上只显示渐变发光效果，如图 3-3-18 所示。
- 类型：设置渐变发光的应用位置，有"内侧"、"外侧"、"整个"3 个选项。

图 3-3-17 渐变颜色

图 3-3-18 渐变发光效果应用

6．渐变斜角滤镜

使用渐变斜角滤镜可以制作立体的浮雕效果，能够控制斜角的渐变颜色，"滤镜"面板如图 3-3-19 所示，可以控制的参数有如下几种。

- 模糊 X 与模糊 Y：分别对 X 轴和 Y 轴两个方向设定斜角的模糊程度，值越大，模糊程度越大。单击其后面的锁定按钮，可以解除 X 和 Y 方向的比例锁定。
- 强度：设置斜角的强烈程度。数值越大，斜角的效果越明显。
- 品质：设置斜角倾斜的质量级别。可选高、中、低参数，品质越高，斜角效果越明显。
- 角度：设置斜角的角度。

- 距离：设置斜角距离对象的大小。
- 挖空：挖空源对象并在挖空图像上只显示渐变斜角效果。
- 类型：设置斜角的应用位置，可选择"内侧"、"外侧"、"整个"。
- 渐变色条：用来设置斜角的渐变颜色，把鼠标移到色条上，当鼠标指针变为 形状时，单击即可在此处添加新的颜色控制点。单击颜色控制点的色块，弹出颜色选择器，设置新的颜色。用鼠标移动控制点的位置，可改变颜色的过渡效果。如图 3-3-20 所示。

图 3-3-19　渐变斜角滤镜

图 3-3-20　渐变色条和应用效果

7．调整颜色滤镜

调整颜色滤镜，顾名思义，就是用来进行颜色调整。"滤镜"面板可以控制的参数有 4 种。

- 亮度：调整对象的亮度。向左拖动滑块可以降低亮度，向右拖动可以增强亮度。
- 对比度：调整对象的对比度。向左拖动滑块可以降低对象的对比度，向右拖动可以增强对象的对比度。
- 饱和度：设定色彩的饱和度。向左拖动滑块可以降低对象中包含颜色的浓度，向右拖动可以增加对象中包含颜色的浓度。
- 色相：调整对象中各种颜色色相的浓度。

习题 3

一、填空题

1．Flash 中传统文本的三种类型分别是＿＿＿＿＿、＿＿＿＿＿和＿＿＿＿＿。

2．对文本进行分离操作的快捷键是＿＿＿＿＿。

3．对文本可以添加＿＿＿＿＿、＿＿＿＿＿、＿＿＿＿＿、＿＿＿＿＿、＿＿＿＿＿、＿＿＿＿＿
和＿＿＿＿＿7 种类型的滤镜效果。

二、简答题

1．简述链接多个文本容器的方法。

2．静态文本和动态文本的区别是什么？

3．如何为文本添加滤镜效果？

三、操作题

通过文本工具输入文本，设置文本属性，将文本分离后使用任意变形工具改变文本形状，为其填充渐变颜色，并添加轮廓颜色，制作效果如图 1 所示。

图 1 文字特效

4

元件、实例与库

学习目标

- 了解元件、实例和库的概念
- 理解元件和实例的关系
- 掌握元件、实例和库的使用方法
- 掌握编辑实例的方法

重点难点

- 元件的创建和编辑
- 实例的创建和编辑
- 库的使用和管理

4.1 元件、实例和库的概念

4.1.1 元件的概念

元件是 Flash 中可重复使用的对象。通常将需要重复出现的图形、动画片段、按钮制作成元件，存放在"库"面板中。每个元件都有自己的时间轴，可以将帧、关键帧和层添加到元件的时间轴。

在动画中使用元件有如下优点：

- 元件在 Flash 中只创建一次，但在整个动画中可以重复使用。同样修改时只需修改一次，便可批量更新，方便操作。
- 元件只在动画中存储一次，可以大大降低文件的大小。

- 文档间的元件可以实现共享，在一个文档中可以引用另一个文档中的元件。
- 使用元件还可以加快 SWF 文件的播放速度，因为元件只需下载到 Flash Player 中一次。

创建元件时需要选择元件的类型，元件分为影片剪辑、图形和按钮 3 种类型。

- 图形元件：图形元件主要是制作动画中的静态图形或动画片段。图形元件与主时间轴同步，但不具有交互性，不能添加交互行为和声音控制。
- 影片剪辑元件：使用影片剪辑元件可以创建反复使用的动画片段，且可独立播放。影片剪辑元件具有独立于主时间轴的多帧时间轴，当动画播放时，影片剪辑元件也在循环播放。影片剪辑元件可以包含交互式控件、声音和其他影片剪辑实例。
- 按钮元件：使用按钮元件可以创建用于响应鼠标单击、滑过或其他动作的交互式按钮，通过事件激发它的动作。按钮元件包括弹起、指针经过、按下和点击 4 种状态，可以定义与各种状态关联的图形、元件或声音。

4.1.2　实例的概念

实例是元件在舞台上或者嵌套在另一个元件中的元件副本。创建元件之后，可以在文档中任何地方（包括在其他元件内）创建该元件的实例。将一个元件从"库"面板中拖动到舞台上就创建了该元件的一个实例。一个元件可以创建多个实例，但一个实例只对应一个元件。编辑元件会更新所有的实例，但对一个实例应用效果不会影响元件。

成功创建元件后，元件被保存在"库"面板中，将元件从"库"面板拖放到舞台上就为该元件创建了一个实例。每个元件实例都有独立于元件的自身的属性。要编辑实例的属性，可以通过"属性"面板实现。选中舞台上的某个元件实例，在"属性"面板中可以设置元件类型、自定义名称、更改颜色和透明度等选项。

4.1.3　库的概念

"库"面板用于存储和组织在 Flash 中创建的各种元件，它还用于存储和组织导入的文件，包括位图图形、声音文件和视频剪辑。每个 Flash 文件都有用来存放元件、位图、声音和视频文件等内容的库，利用库可以很方便地查看和组织这些内容。

执行"窗口"→"库"命令，或者按 Ctrl+L 键，可打开"库"面板。"库"面板中包括元件预览窗、排序按钮、元件项目列表和工具栏，如图 4-1-1 所示。

在元件项目列表的顶部，有 5 个项目按钮，分别是名称、类型、使用次数、链接和修改日期，单击某一按钮，项目列表就按其标明的内容排列。

在元件列表中，每个元件名称前都有一个类型图标，例如，影片剪辑元件类型图标是 ▣，图形元件类型图标是 ▣，按钮元件类型图标是 ▣。利用这些图标外观可以很容易识别元件类型。

- ▣：固定当前库按钮，固定当前打开的库，不管是否打开其他源文件，总显示在舞台上。
- ▣：新建"库"面板按钮，新建一个"库"面板，在舞台上可以显示多个"库"面板。

　 ：新建元件按钮，单击该按钮弹出"创建新元件"对话框，用来增加新元件。

　 ：新建文件夹按钮，单击该按钮在库中新增文件夹。

　 ：属性按钮，单击该按钮打开"元件属性"对话框，在对话框中可改变元件的属性。

　 ：删除按钮，单击该按钮删除被选的元件和文件夹。

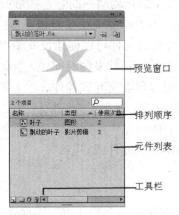

图 4-1-1　"库"面板

4.2　案例：动态的星星——创建图形元件

【案例目的】使用两种方法创建图形元件。

【知识要点】将形状转换为元件，创建新元件。

【案例效果】星星由小变大的动画效果，效果如图 4-2-1 所示。

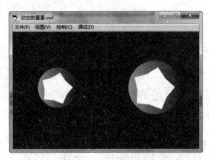

图 4-2-1　案例效果

【操作步骤】

（1）新建一个 Flash 文档（ActionScript 3.0），在"属性"面板中设置背景色为红色（#FF0000），如图 4-2-2 所示。

（2）在工具箱中单击"椭圆工具"按钮 　，在"属性"面板中设置"笔触颜色"为无 　，在"颜色"面板中设置填充颜色类型为线性，白色到透明的过渡，如图 4-2-3 所示，按住 Shift 键拖动鼠标在舞台上绘制一个正圆，如图 4-2-4 所示。

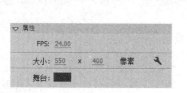

图 4-2-2　设置背景颜色　　　图 4-2-3　颜色参数设置　　　图 4-2-4　绘制正圆

（3）在工具箱中单击"多角星形工具"按钮 ○，在"属性"面板中，设置笔触颜色为无 ⬚，填充颜色为白色，单击"选项"按钮，在弹出的"工具设置"对话框中，设置样式为星形，边数为 5，星形顶点大小为 1，如图 4-2-5 所示。在舞台上绘制一个星形，放置在正圆上面，如图 4-2-6 所示。

图 4-2-5　设置参数　　　　　　　图 4-2-6　绘制星形

（4）使用选择工具 ▶ 将舞台上的图形全部选中，执行"修改"→"转换为元件"命令，或者右击，在弹出菜单中选择"转换为元件"命令，或者按下 F8 快捷键。在打开的"转换为元件"对话框中输入名称为星星，选择类型为图形，单击"确定"按钮，如图 4-2-7 所示（对齐：设定转换为元件的图形的注册点）。

图 4-2-7　转换为元件

（5）执行"窗口"→"库"命令，星星元件被保存在库中，如图 4-2-8 所示。

（6）执行"插入"→"新建元件"命令，弹出"创建新元件"对话框，名称输入为"动态星星"，类型为图形，如图 4-2-9 所示。单击"确定"按钮，进入图形元件编辑界面。在时间轴的第 1 帧处，从"库"面板中将星星元件拖动到舞台。在第 30 帧处按下 F6 键，插入关键帧。在第 30 帧处，选中舞台上的星星元件实例，执行"窗口"→"变形"命令，在打开的"变形"面板中，设置高度和宽度为 200%，如图 4-2-10 所示。选中第 1 帧右击，在弹出的菜单中选择"创建传统补间"命令，创建传统补间动画。动态星星图形元件时间轴状态如图 4-2-11 所示。

图 4-2-8 "库"面板

图 4-2-9 新建元件

图 4-2-10 设置变形参数

（7）单击场景 1，返回场景 1 的编辑界面，鼠标单击主时间轴的图层 1 的第 1 帧，从"库"面板中将运动的星星元件拖动到舞台，生成该元件对应的实例，在第 30 帧处按下 F5 键，延长帧的播放时间。主时间轴状态如图 4-2-12 所示。因为运动的星星图形元件的时间轴动画的播放时间是 30 帧，所以在主时间轴上元件实例的播放时间也要是 30 帧，否则在主时间轴中，实例的动画将不能完整播放。

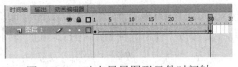
图 4-2-11 动态星星图形元件时间轴

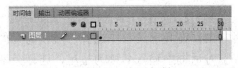
图 4-2-12 主时间轴

（8）按 Ctrl+Enter 键预览并测试动画效果，将文件保存为"动态的星星.fla"。

说明：图形元件是最简单常用的一种元件，在 Flash 中静态图形和动画片段都可以使用图形元件。图形元件中的动画是基于时间轴创建和使用的，当影片停止播放时，图形元件中的动画也会随之停止。

用户可以通过以下方法创建图形元件：

● 创建图形元件时，可以先选择舞台上已经存在的图形（包括导入的位图、矢量图、文本和 Flash 工具创建的线条或者色块），将其转化为图形元件。在动画制作过程中，需要用到很多绘制的图形，为了方便调用或重复使用这些图形，最好将这些图形转换为元件，保存在"库"面板中。

- 创建一个空的图形元件，然后在元件编辑状态下添加元件的内容。执行"插入"→"新建元件"命令，或者按下 Ctrl+F8 键，可以创建一个空的图形元件，然后编辑元件内容。
- 选中图形，执行"修改"→"转换为元件"命令，弹出"转换为元件"对话框，在对齐选项后有 9 个中心定位点，称为注册点。所谓注册点，指的是元件建立后原点的位置，它是元件旋转时所围绕的轴。选中对象并转换为元件的时候，如果注册点的位置在左上角，那么转换后对象的左上角将成为元件的原点位置。

4.3　案例：飘动的落叶——创建影片剪辑元件

【案例目的】通过影片剪辑元件制作飘动的落叶。

【知识要点】创建影片剪辑元件。

【案例效果】舞台上有多个树叶飘动的动画效果，效果如图 4-3-1 所示。

图 4-3-1　案例效果

【操作步骤】

（1）新建一个 Flash 文档（ActionScript 3.0）。

（2）执行"插入"→"新建元件"命令，在弹出的"创建新元件"对话框中，输入名称为叶子，类型为图形，单击"确定"按钮，使用绘图工具绘制叶子图形，保存在"库"面板中，如图 4-3-2 所示。

（3）执行"插入"→"新建元件"命令，在弹出的"创建新元件"对话框中，输入名称为飘动的叶子，类型为影片剪辑，如图 4-3-3 所示，单击"确定"按钮后，进入元件编辑界面，单击时间轴的第 1 帧，从"库"面板中拖动叶子元件到舞台上，生成元件实例。单击第 30 帧，按 F6 键插入关键帧。选中图层 1 右击，在弹出菜单中选择"添加传统运动引导层"命令，在图层 1 的上方添加了引导层图层，如图 4-3-4 所示。单击该引导层，用铅笔工具 在舞台上绘制曲线，即叶子运动的曲线，如图 4-3-5 所示。

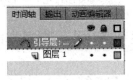

图 4-3-2　叶子元件　　　　　图 4-3-3　新建元件　　　　　图 4-3-4　添加引导层

（4）单击图层 1 的第 1 帧，在舞台上拖动叶子元件实例到引导线的上端点，使元件实例的中心点与引导路径的端点对齐，如图 4-3-6 所示。单击第 30 帧，在舞台上拖动叶子元件实例到引导线的下端点，使元件实例的中心点与引导线的端点对齐，如图 4-3-7 所示。选中第 1 帧，单击鼠标右键在弹出菜单中选择"创建传统补间"，创建传统补间动画，时间轴状态如 4-3-8 所示。

图 4-3-5　绘制运动曲线　　　　图 4-3-6　对齐上端点　　　　图 4-3-7　对齐下端点

（5）单击场景 1，返回主时间轴，单击图层 1 的第 1 帧，从"库"面板中拖动 3 次飘动的叶子元件到舞台上，生成该元件的 3 个实例，主时间轴如图 4-3-9 所示。

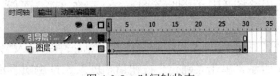

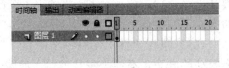

图 4-3-8　时间轴状态　　　　　　　　图 4-3-9　主时间轴状态

（6）按 Ctrl+Enter 键预览并测试动画效果，将文件保存为"飘动的落叶.fla"。

说明：影片剪辑元件拥有不依赖于主时间轴的时间轴。当需要重复使用一段动画时，可将该动画转换为影片剪辑元件；影片剪辑元件中的动画播放是独立于主时间轴的，所以不论主时间轴的动画有多少帧，影片剪辑元件实例会一直循环播放其动画。

4.4　案例：彩色按钮——创建按钮元件

【案例目的】通过创建按钮元件制作彩色按钮。

【知识要点】创建按钮元件，编辑按钮元件的 4 个关键帧。

【案例效果】鼠标弹起、经过、按下时的四种状态如图 4-4-1 所示。

图 4-4-1　创建新元件

【操作步骤】

（1）新建一个 Flash 文档（ActionScript 3.0）。

（2）执行"插入"→"新建元件"命令，弹出"创建新元件"对话框，设置名称为彩色按钮，类型为"按钮"，如图 4-4-2 所示。单击"确定"按钮，进入按钮元件编辑模式。在舞台中心有个"+"，表示元件的注册点，时间轴包含 4 帧。

图 4-4-2　"创建新元件"对话框

（3）单击"弹起"帧，单击"椭圆工具"按钮 ，在"属性"面板中设置笔触颜色为无，填充颜色为红色（#FF0000），按下 Shift 键拖动鼠标绘制一个正圆。单击"文本工具"按钮 T，在"属性"面板中设置字体为隶书，字号为 49，颜色为黑色，输入文本"弹起"，将文本放置在正圆上，如图 4-4-3 所示。

（4）单击"指针经过"帧，按 F6 键插入关键帧。用选择工具 选中正圆，在"属性"面板中，设置颜色为淡蓝色（#0066FF）。将文本改为"经过"，如图 4-4-4 所示。

（5）单击"按下"帧，按 F6 键插入关键帧。用选择工具 选中正圆，在"属性"面板中，设置颜色为淡绿色（#99CC00）。将文本改为"按下"，如图 4-4-5 所示。

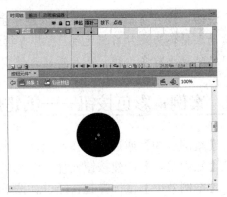

图 4-4-3　编辑"弹起帧"　　　　　　　　图 4-4-4　编辑"指针经过帧"

（6）单击"点击"帧，按 F6 键插入关键帧。删除文本，将正圆作为点击区域，如图 4-4-6
所示。

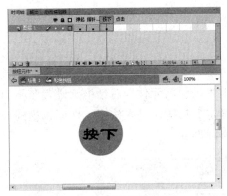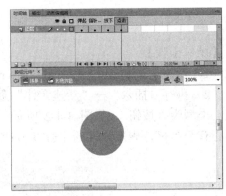

图 4-4-5　编辑"按下帧"　　　　　　　　图 4-4-6　编辑"点击帧"

（7）单击场景 1，单击主时间轴的第 1 帧，从"库"面板中将按钮元件拖动到舞台上，
生成该按钮元件的实例。

（8）按 Ctrl+Enter 键预览并测试动画效果。将文件保存为"彩色按钮.fla"。

说明：按钮元件是 Flash 中的特殊元件，用来响应鼠标的操作事件，根据鼠标的移动或单
击等操作激发相应的动作。从外观上说，在设计按钮时可以是任何形式，可以是矢量图或者位
图，可以是线条或者色块，甚至可以是透明的按钮。按钮元件具有的 4 种状态的含义如下所示。

● 弹起：当鼠标指针不接触按钮时的状态。

● 指针经过：当鼠标指针移动到按钮上，没有按下时的状态。

● 按下：当鼠标指针移动到按钮上并按下鼠标时的状态。

● 点击：定义鼠标单击的有效区域。

对于按钮元件的实例，可以在"属性"面板中设置"实例名"，从而使用动作脚本控制按
钮完成相应的操作。

4.5　案例：多彩花朵——编辑元件和实例

【案例目的】通过元件和实例制作各种花朵。

【知识要点】改变实例的形状和色彩效果。

【案例效果】效果如图 4-5-1 所示。

图 4-5-1　案例效果

【操作步骤】

（1）新建一个 Flash 文档（ActionScript 3.0）。

（2）执行"插入"→"新建元件"命令，在弹出的"创建新元件"对话框中，输入名称为花瓣，类型为图形，单击"确定"按钮。在工具箱中单击"椭圆工具"按钮 ◙，在"属性"面板中设置"笔触颜色"为无 ▧，在"颜色"面板中设置填充颜色类型为"径向渐变"，颜色为红色到白色的渐变，绘制花瓣形状，如图 4-5-2 所示。

（3）执行"窗口"→"库"命令，从"库"面板中拖动花瓣元件到舞台，选中该花瓣实例，用任意变形工具将中心点移动到图形下面，如图 4-5-3 所示。执行"窗口"→"变形"命令，打开变形面板，设置"旋转"角度为 60，连续单击 5 次"重置选区和变形"按钮 ▣，得到花朵图形，如图 4-5-4 所示。选中舞台上的花朵图形右击，在菜单中选择"转换为元件"命令，弹出"转换为元件"对话框，输入名称为花朵，类型为图形。

图 4-5-2　绘制花瓣

图 4-5-3　移动中心点

图 4-5-4　花朵图形

（4）选中舞台上的花朵实例，在变形面板中将缩放宽度和缩放高度设置为 50%。

（5）从"库"面板中拖动花瓣元件到舞台，生成一个新的花朵实例，选中该实例，在"属性"面板中设置色彩效果中的样式为色调，调整色调参数，如图 4-5-5 所示。实例改变效果如图 4-5-6 所示。

图 4-5-5　设置色调参数　　　　　　　　　　图 4-5-6　改变色调

（6）同样的操作可以生成多个花朵实例，通过变形面板改变实例的大小，通过"属性"面板调整色彩效果，从而在舞台上生成各式各样的花朵，如图 4-5-1 所示。

（7）按 Ctrl+Enter 键预览并测试动画效果，将文件保存为"多彩花朵.fla"。

4.5.1　元件的编辑

对于元件的编辑在动画制作过程中是经常遇到的，如果对已经创建好的元件不满意，可以对元件进行重新编辑。

1．编辑元件

对于创建好的元件，可以对其进行编辑。Flash 提供了 3 种方式来编辑元件，分别是在当前位置编辑、在元件编辑模式和在新窗口中编辑元件。编辑元件后，Flash 将更新该元件的所有实例。

（1）在当前位置编辑元件

选中舞台上要编辑的元件实例，执行"编辑"→"在当前位置编辑"命令，或者右击，在弹出的菜单中选择"在当前位置编辑"命令，或者鼠标双击该实例，都可以在该元件和其他对象在一起的舞台上编辑，其他对象以灰色显示，在编辑的元件名称显示在当前场景名称的右侧，如图 4-5-7 所示。

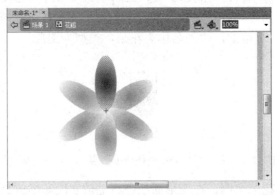

图 4-5-7　在当前位置编辑元件

编辑完成后单击"返回"按钮 ⇦，或者单击当前场景的名称，或者执行"编辑"→"编辑文档"命令，即可退出当前位置编辑模式。

（2）在元件编辑模式下编辑元件

使用元件编辑模式，可以将窗口从舞台视图更改为只显示该元件的单独视图来编辑，正在编辑的元件名称会显示在当前场景名称的右侧，如图 4-5-8 所示。

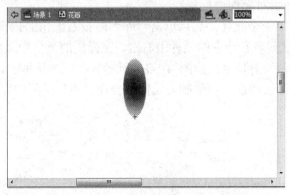

图 4-5-8　在元件编辑模式下编辑元件

进入元件编辑模式的方式有如下几种：

● 　在舞台上选中元件的实例右击，在弹出菜单中选择"编辑"命令。
● 　在舞台上选中元件的实例，执行"编辑"→"编辑元件"命令。
● 　在"库"面板中，双击元件图标。
● 　在"库"面板中选中元件右击，在弹出菜单中选择"编辑"命令。

（3）在新窗口中编辑元件

可以在一个单独的窗口中编辑元件，正在编辑的元件的名称会显示在舞台上方的编辑栏内，如图 4-5-9 所示。

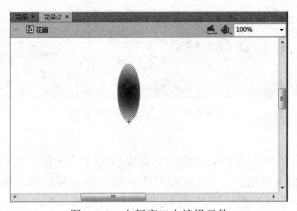

图 4-5-9　在新窗口中编辑元件

在舞台上选中元件的一个实例右击，在弹出的菜单中选择"在新窗口中编辑"命令，即可进入新窗口编辑模式。编辑完成后单击右上角的关闭按钮 ✕，关闭新窗口。

2. 复制元件

在 Flash CS6 中可以通过复制元件以一个现有的元件为基础创建新元件。复制元件的方法有以下两种。

（1）通过"库"面板对元件进行复制

在"库"面板中选中一个元件，然后单击"库"面板右上角的按钮 ，在弹出的菜单中选择"直接复制"选项（或者在选中的元件上右击，在弹出的菜单中选择"直接复制"选项），将会打开"直接复制元件"对话框，如图 4-5-10 所示。在该对话框中设置复制后的元件的名称和类型，单击"确定"按钮后，被复制的元件将会在"库"面板中存在。

图 4-5-10　通过"库"面板复制元件

（2）通过实例复制元件

在舞台上选择元件的一个实例，执行"修改"→"元件"→"直接复制元件"命令（或者在该实例上右击，在弹出的菜单中选择"直接复制元件"命令），将会弹出"直接复制元件"对话框，如图 4-5-11 所示。在该对话框中输入复制后元件的名字，然后单击"确定"按钮，被复制的元件将会在"库"面板中存在。对元件进行复制后，舞台上的被选中的实例也相应的变成复制后元件的实例。

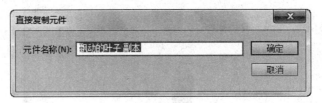

图 4-5-11　通过实例复制元件

3. 交换元件

可以为舞台上的实例指定其他的元件，但是保持原来实例的一切属性（包括颜色、透明度和动画等）。选中舞台上的实例，单击"属性"面板中的交换按钮 交换... ，在弹出的交换元件对话框中选择要替换的元件，然后单击"确定"按钮，如图 4-5-12 所示。

在"交换元件"对话框中，单击直接复制元件按钮 ，将会弹出"直接复制元件"对话框，如图 4-5-13 所示。在该对话框中输入元件的名称，单击"确定"按钮，即复制了一个新元件，在"交换元件"对话框中即可选择新复制的元件。

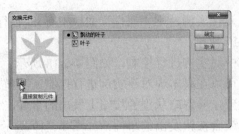

图 4-5-12　交换元件

图 4-5-13　直接复制元件

4.5.2　创建和编辑实例

1. 设置颜色和透明度

从"库"面板中拖动元件到舞台，舞台上的对象称为元件的实例，如图 4-5-14 所示。选中舞台上的实例，"属性"面板转换为实例的"属性"面板，如图 4-5-15 所示。

在"属性"面板中的色彩效果"样式"下拉列表中包含以下几个子项。

- 无：默认选项，不设置颜色效果。
- 亮度：设置实例的相对亮度和暗度。度量范围是从-100%（黑）到100%（白），0 为默认值。在文本框中输入值，或者单击拖动滑杆可调整亮度。如图 4-5-16 所示。
- 色调：为实例着色。可以直接单击调色板或者输入红、绿、蓝的颜色值，使用滑杆可设置色调百分比，从 0%（完全透明）到 100%（完全饱和）。
- Alpha：调整实例的透明度，调节范围是从 0%（完全不可见）到 100%（完全饱和）。
- 高级：可以单独调整实例的红、绿、蓝三原色和透明度。

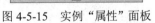
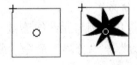

图 4-5-14　元件实例　　　图 4-5-15　实例"属性"面板　　　图 4-5-16　亮度为 100%和-100%

2. 更改实例的行为

每种元件都有自己的行为，实例的行为是可以转换的，通过改变实例的行为来重新定义该实例在动画中的行为。

　　从"库"面板中拖动图形元件到舞台，选中该元件实例，则"属性"面板中有 3 种行为可供选择，包括影片剪辑、按钮和图形，如图 4-5-17 所示。

- 影片剪辑行为：输入实例名称，可在脚本中对实例进行控制，如图 4-5-18 所示。
- 按钮行为：在名称框中输入实例的名称，可以在脚本中对该实例进行控制。"音轨作为按钮"是指鼠标按一下只能做出一次反应，并忽略从别的按钮上发出的事件。"音轨作为菜单项"是指接收同样性质的菜单或者按钮发出的事件，如图 4-5-19 所示。
- 图形行为：不能对实例进行命名，不能在脚本中控制图形元件，如图 4-5-20 所示，"循环"指让实例从指定帧开始重复播放动画；"播放一次"指从指定帧开始播放动画片段，只播放一次；"单帧"指显示动画中的指定帧，并不播放动画。"第一帧"指用来指定动画由哪一帧开始播放。

图 4-5-17　3 种行为

图 4-5-18　影片剪辑行为面板

图 4-5-19　按钮行为面板

图 4-5-20　图形行为面板

3. 分离实例

　　要断开实例与元件的连接，即将实例转换为普通的图形，可以选择要分离的元件实例，执行"修改"→"分离"命令，或者按 Ctrl+B 键。实例分离后便不会随元件的改变而改变。

4.6　案例：浏览风景图片——库

　　【案例目的】通过"风景图片.fla"源文件认识库。

　　【知识要点】"库"面板，应用库中的各种元件。

【案例效果】四张不同的风景图片依次显示的动画效果。效果如图 4-6-1 所示。

图 4-6-1　案例效果

【操作步骤】

（1）打开"4 元件、实例与库\源文件"文件夹中的"风景图片.fla"，执行"窗口"→"库"命令，如图 4-6-2 所示，在该"库"面板中包括图形元件、影片剪辑元件、按钮元件和位图文件。

（2）按 Ctrl+Enter 键预览并测试动画效果。

图 4-6-2　库中各个元件

图 4-6-3　公用库中的 3 类

4.6.1　公用库

Flash 提供了公用库，主要有学习交互、按钮和类 3 种，执行"窗口"→"公用库"命令，如图 4-6-3 所示，选择相应的命令，即可打开相应的公用库。

● Sounds（学习交互）：主要放置交互组件，可通过在交互组件中与应用程序进行交互来做出响应。

● Buttons（按钮）：主要放置一些按钮组件，可以直接从中选择需要的按钮，将其应用到动画中。

- Classes（类）：类是对象的抽象表示形式，主要在 ActionScript 3.0 编程时使用。

4.6.2　共享库元件

在动画制作过程中，不同 Flash 文件之间可以共享使用元件。实现元件共享的方法如下：

- 在源文档中选择元件，执行"编辑"→"复制"命令，或者按下 Ctrl+C 键。切换到目标文档中执行"编辑"→"粘贴到中心位置"或"编辑"→"粘贴到当前位置"命令，即可在目标文档中使用该元件。
- 在目标文档的"库"面板中的下拉列表中选择源文档的名称，则库"面板"将显示源文档中的元件，拖动要使用的元件到舞台上即可使用。
- 在目标文档中执行"文件"→"导入"→"打开外部库"命令，在打开的"作为库打开"对话框中，选择源文档，单击"打开"按钮，则源文档的库"面板"将在目标文档中显示，作为库资源使用。

习题 4

一、填空题

1．Flash 中三种元件类型分别是_____、_____和_____。
2．Flash 提供了三种方式来编辑元件，分别是_____、_____和_____。
3．Flash 提供了公用库，主要有_____、_____和_____三种。

二、简答题

1．元件的类型有哪几种？各有什么特点？
2．简述元件和实例的概念及关系。
3．将舞台上的对象转换为元件的步骤是什么？

三、操作题

制作按钮元件，使按钮处于弹起状态时如图 1 左侧显示状态，按钮被按下时如图 1 右侧显示状态。

图 1　按钮的两种显示状态

5

外部素材的应用

学习目标

- 了解图像、音频和视频多媒体素材的特点
- 掌握 Flash 动画中应用图像素材的方法
- 掌握 Flash 动画中应用音频素材的方法
- 掌握 Flash 动画中应用视频素材的方法

重点难点

- 导入图像、音频和视频素材的方法
- 位图的分离
- 音频的编辑
- 在时间轴中嵌入视频

5.1 案例：变形的蝴蝶——外部图像的导入与操作

【案例目的】改变位图中蝴蝶的形状。

【知识要点】导入位图，将位图转换为矢量图，任意变形工具的使用。

【案例效果】原始位图如图 5-1-1 所示，经过编辑以后改变形状如图 5-1-2 所示。

图 5-1-1　原始位图

图 5-1-2　变形后的蝴蝶

【操作步骤】

（1）新建一个 Flash 文档（ActionScript 3.0），在"属性"面板中设置舞台大小 500×400 像素，背景色为黄色（#FFFF00）。

（2）执行"文件"→"导入"→"导入到舞台"命令，在弹出的"导入"对话框中选择 "5 外部素材的应用\素材\制作变形的蝴蝶"文件夹中的"蝴蝶.jpg"图像文件，单击"打开" 按钮，图像文件被导入到舞台上。选中舞台上的图像，打开"变形"面板，设置缩放比例为 70%，如图 5-1-3 所示。拖动图像放置到舞台中央。

（3）选中该位图，执行"修改"→"位图"→"转换位图为矢量图"命令，设置"颜色 阈值"为 80，如图 5-1-4 所示。

图 5-1-3　设置缩放比例

图 5-1-4　分离后的位图

（4）使用选择工具、套索工具和橡皮擦工具，将图片背景和阴影部分删除。

（5）使用选择工具选中蝴蝶右侧的翅膀，如图 5-1-5 所示。

（6）选择任意变形工具，蝴蝶的右侧翅膀上出现了控制点，如图 5-1-6 所示。将鼠标 放置在右侧水平缩放点上向中间拖动，然后释放鼠标，蝴蝶右侧翅膀被压缩，如图 5-1-7 所示。 用同样的方法将蝴蝶左侧翅膀变形，如图 5-1-8 所示。

图 5-1-5　选中右侧翅膀

图 5-1-6　任意变形工具

图 5-1-7　变形右侧翅膀

图 5-1-8　变形左侧翅膀

（7）按 Ctrl+Enter 键预览并测试动画效果，将文件保存为"变形的蝴蝶.fla"。

5 Chapter

5.1.1　可导入的外部图像文件类型

　　Flash CS6 可以导入的外部图像文件包括矢量图和位图。矢量图格式包括 Adobe Illustrator 文件、ESP 文件、PSD 文件或者 FreeHand 文件等。位图格式包括 JPEG、GIF、PNG、BMP 等文件格式。可导入图像文件格式介绍见表 5-1-1。

表 5-1-1　可导入图像文件格式

文件格式	文件扩展名	说明
Adobe Illustrator	.ai、.esp	支持对曲线、线条样式和填充信息的非常精确地转换
Photoshop	.psd	psd 是 Photoshop 默认的文件格式，可直接导入到 Flash 中，并保持 psd 文件的图像质量
FreeHand	.fh	Freehand 是一个功能强大的平面矢量图形设计软件。Flash 为导入的 FreeHand 文件保留 FreeHand 图层、文本块、库元件和页面
JPEG	.jpg	采用无损压缩的位图图像类型。限制在 256 色内
GIF 动画	.gif	是 CompuServe 提供的一种图形格式，最多保存 256 色的 RGB 色阶说，支持透明背景及动画格式
PNG	.png	支持透明度（Alpha 通道）的跨平台位图格式
Bitmap	.bmp	是一种 Windows 标准的点阵式图形文件格式,包含图像信息丰富,几乎不进行压缩，故网络传输时不考虑该格式

5.1.2　导入图像的基本操作

　　1. 导入到舞台

　　（1）导入位图

　　执行"文件"→"导入"→"导入到舞台"命令，或者按下 Ctrl+R 键，弹出"导入"对话框，在对话框中选择要导入的位图文件"5 外部素材的应用\素材\图片 1.jpg"，单击"打开"按钮，该位图在舞台上显示，并同时保存在"库"面板中。如果导入的位图文件处于一个图像序列中，则单击"打开"按钮后将会弹出提示框，如图 5-1-9 所示。

图 5-1-9　提示框

　　当单击"是"按钮后，图像序列中的所有位图都被导入到舞台上，并且都被保存在"库"面板中，每个位图对应一个关键帧。舞台显示如图 5-1-10 所示，"库"面板中如图 5-1-11 所示，

"时间轴"显示如图 5-1-12 所示。

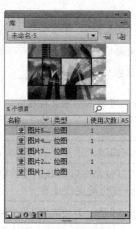

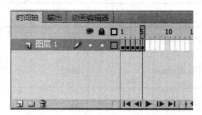

图 5-1-10　舞台显示　　　图 5-1-11　"库"面板显示　　　图 5-1-12　"时间轴"显示

　　当单击"否"按钮后，选择的位图被导入到舞台上，并且被保存在"库"面板中，该位图对应一个关键帧。

　　（2）导入矢量图

　　执行"文件"→"导入"→"导入到舞台"命令，或者按下 Ctrl+R 键，弹出"导入"对话框，在对话框中选择要导入的矢量图文件"5 外部素材的应用\素材\矢量图.ai"，单击"打开"按钮，弹出"将'矢量图.ai'导入到舞台"对话框，如图 5-1-13 所示，单击"确定"按钮，矢量图被导入到舞台上，但是矢量图没有保存在"库"面板中。

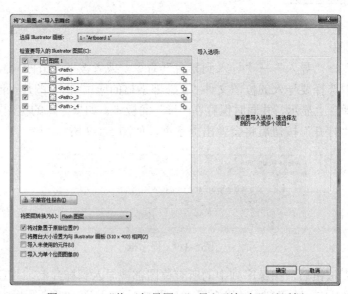

图 5-1-13　"将'矢量图.ai'导入到舞台"对话框

2. 导入到库

如果需要导入多个图像进行编辑时，将其导入到舞台后，这些图像会重叠在一起，不利于编辑。因此，可以将其导入到库中，方便用户调用和编辑。执行"文件"→"导入"→"导入到库"命令，弹出"导入到库"对话框。在对话框中选择要导入的文件，单击"打开"按钮，若导入的图像文件是矢量图，则会弹出如图 5-1-13 所示的对话框。导入的图像文件不在舞台上显示，只保存在库面板中。

3. 打开外部库

当外部已有一个库时，用户可以直接进行调用。执行"文件"→"导入"→"打开外部库"命令，或者按下 Ctrl+Shift+O 键，弹出"作为库打开"对话框，选取外部库，即选择一个 Flash 源文件，单击"打开"按钮，即可导入外部库，并进行编辑和使用，如图 5-1-14 所示。

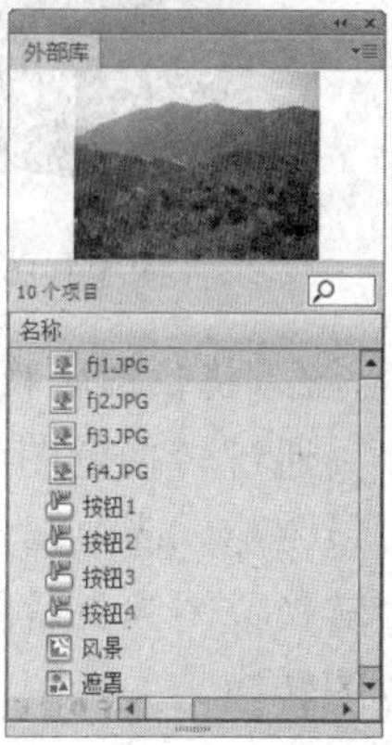

5.1.3　位图的分离

图 5-1-14　外部库

1. 将位图转换为图形

将位图导入到 Flash 舞台后，整个位图以一个整体对象显示。通过分离命令将位图分离为在 Flash 中可编辑的图形后，但是位图仍然保留原来的细节，可以通过绘画工具和涂色工具来选择和修改位图的区域。将位图转换为图形的操作步骤如下：

（1）选中导入到舞台上的位图，执行"修改"→"分离"命令，或者按下 Ctrl+B 键，将位图打散，如图 5-1-15 所示。

图 5-1-15　打散后的位图

（2）使用选择工具 ，改变图形的形状，如图 5-1-16 所示。或者使用橡皮擦工具 ，擦除图形，使用墨水瓶工具 ，为图形添加外边框，如图 5-1-17 所示。

图 5-1-16　改变图形的形状　　　　　　　图 5-1-17　编辑图形

2. 将位图转换为矢量图

通过转换位图为矢量图命令，可以将舞台上的位图转换为具有可编辑的离散颜色区域的矢量图形。选中舞台上的位图，执行"修改"→"位图"→"转换位图为矢量图"命令，打开"转换位图为矢量图"对话框，如图 5-1-18 所示，设置好参数后单击"确定"按钮，即可将位图转换为矢量图，如图 5-1-19 所示。

图 5-1-18　转换位图为矢量图对话框　　　图 5-1-19　转换位图为矢量图后的效果

在"转换位图为矢量图"对话框中设置的参数含义如下：

● 颜色阈值：当两个像素进行比较后，如果它们在 RGB 颜色值上的差异低于该颜色阈值，则认为这两个像素颜色相同。如果增大了该阈值，则意味着降低了颜色的数量。

● 最小区域：设置为某个像素指定颜色时，需要考虑的周围像素的数量。

● 角阈值：该下拉列表框用于确定保留锐边还是进行平滑处理。

● 曲线拟合：该下拉列表框用于确定绘制轮廓所用的平滑程度，包含六个选项。

将位图转换为矢量图形后，可以对其重新编辑。例如：

（1）执行"文件"→"导入"→"导入到舞台"命令，在"导入"对话框中选择位图文件"5 外部素材的应用\素材\image1.jpg"，将位图导入到舞台上。

（2）选中导入的位图，执行"修改"→"位图"→"转换位图为矢量图"命令，在"转换位图为矢量图"对话框，设置"颜色阈值"为 50，单击"确定"按钮，如图 5-1-20 所示。

（3）选择"颜料桶"工具，设置填充色为红色，在图形上单击，如图 5-1-21 所示。

图 5-1-20　转换后的矢量图　　　　　　　图 5-1-21　改变矢量图填充颜色

5.1.4　位图的优化

对于导入的位图，可以消除锯齿平滑图像的边缘，或选择压缩选项以减小位图文件的大小，这些都可以在"位图属性"对话框中进行设定。在"库"面板中双击位图图标，或者单击鼠标右键选择"属性"，弹出"位图属性"对话框，如图 5-1-22 所示。

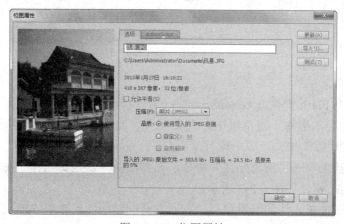

图 5-1-22　位图属性

"位图属性"对话框中的各个属性和按钮介绍如下：

- 允许平滑：选中该复选框，可以消除位图边界的锯齿。
- 压缩：下拉列表中两个选项分别是"照片（JPEG）"和"无损（PNG/GIF）"，选择不同的选项，位图按照不同的方式压缩。
- 品质：选中"使用发布设置"单选按钮，表示使用文件默认的质量。如果选中"自定义"单选按钮，则在该文本框中输入 1～100 的数值，数值越小，图像的质量越高，但文件的字节数也越大。
- 更新按钮：将按照位图设置更新当前的图像文件属性。
- 导入按钮：弹出导入位图对话框，可更换图像文件。
- 测试按钮：可以按照新的属性设置，在对话框的下半部显示一些有关压缩比例、容量大小等测试信息，在左上角显示重新设置属性后的部分图像。

5.2 案例：音乐按钮——外部音频的导入与操作

【案例目的】用户对按钮操作时伴随有音频。

【知识要点】导入音频文件，应用音频文件。

【案例效果】当鼠标移到按钮上，伴随发出音效；当单击按钮时，将会播放音乐。效果如图 5-2-1 所示。

图 5-2-1 案例效果

【操作步骤】

（1）新建一个 Flash 文件（ActionScript 3.0），执行"文件"→"导入"→"导入到库"命令，在弹出的"导入到库"对话框中，选择文件"yinxiao1.mp3"和"菊花台.mp3"，将两个声音文件导入到"库"中。

（2）执行"插入"→"新建元件"命令，在弹出的"创建新元件"对话框中名称设置为音乐按钮，类型为按钮，如图 5-2-2 所示。

（3）进入音乐按钮元件的编辑窗口，在元件时间轴的图层 1 中"弹起"关键帧处绘制图形，如图 5-2-3 所示。

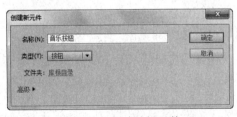

图 5-2-2 新建按钮元件

图 5-2-3 绘制音符图形

（4）在元件时间轴的图层 1，单击"指针经过"帧按下 F6 插入关键帧，在对应的"属性"面板"声音名称"下拉列表中选择"yinxiao1.mp3"，"同步"类型选择"事件类型"。单击"按下"帧，按下 F6 键插入关键帧，在"属性"面板"声音名称"下拉列表中选择"菊花台.mp3"，"同步"类型选择"事件类型"。

（5）按 Ctrl+Enter 键预览并测试动画效果。当鼠标移到音符上，将会发出"yinxiao1.mp3"文件的声音；当单击音符时，将会播放"菊花台.mp3"音乐。

（6）将文件保存为"音乐按钮.fla"。

说明：Adobe Flash Professional CS6 提供多种使用声音的方式。可以使声音独立于时间轴连续播放，或使用时间轴将动画与音轨保持同步。向按钮添加声音可以使按钮具有更强的互动性，通过声音淡入淡出还可以使动画更加优美。

5.2.1　可导入的音频文件类型

在 Flash CS6 中，可以导入 Wave（.wav）、AIFF（.aif, .aifc）、mp3 格式的文件。如果系统安装了 QuickTime4 或者更高的版本，还可以导入其他格式的文件，比如 Sound Designer II（.sd2）、Sun AU（.au, .snd）、FLAC（.flac）、Ogg Vorbis（.ogg, .oga）等。

5.2.2　导入音频的基本操作

在 Flash CS6 中添加声音的操作步骤如下：

（1）导入声音文件。执行"文件"→"导入"→"导入到库"命令，在弹出的"导入到库"对话框中，定位并打开所需的声音文件，则声音文件被保存在当前文档的库中。

（2）将声音添加到时间轴。将声音文件从"库"面板中拖到舞台中，声音就会添加到当前层中。或者选中要添加声音的图层和关键帧，在"属性"面板声音选项中名称的下拉列表中选择声音文件，如图 5-2-4 所示。可以把多个声音放在一个图层上，或放在包含其他对象的多个图层上。但是，建议将每个声音放在一个独立的图层上。

图 5-2-4　在"声音"选项中选择声音文件

5.2.3　导入音频的编辑

1. 在"属性"面板中编辑

将声音添加至时间轴后，选择包含声音的时间轴中的任一帧，在"属性"面板中，单击"效果"下拉按钮，在弹出的下拉列表中选择合适的效果，如图 5-2-5 所示。

图 5-2-5　"效果"选项

"效果"下拉列表中各选项如下：

● 无：不对声音文件应用效果。选中此选项将删除以前应用的效果。

● 左声道/右声道：只在左声道或右声道中播放声音。

● 向右淡出/向左淡出：会将声音从一个声道切换到另一个声道。

● 淡入：随着声音的播放逐渐增加音量。

● 淡出：随着声音的播放逐渐减小音量。

● 自定义：允许使用"编辑封套" 创建自定义的声音淡入和淡出点。

2．利用声音编辑控件

单击"属性"面板中的按钮，打开如图 5-2-6 所示的"编辑封套"对话框，可以对声音进行精准的编辑。

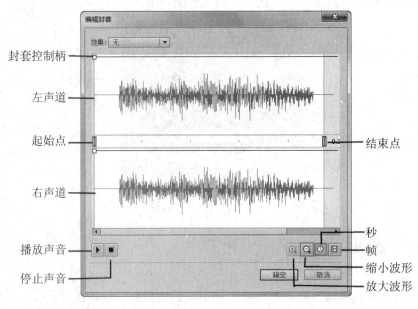

图 5-2-6　"编辑封套"对话框

在"编辑封套"对话框中可以对左声道和右声道中的声音进行编辑，在左右声道的波形上单击鼠标，可添加一个方形控制手柄，产生声音包络线。

- 封套控制柄：拖动封套手柄来改变声音中不同点处的级别。封套线显示声音播放时的音量，若要创建其他封套手柄（总共可达 8 个），单击封套线。若要删除封套手柄，将其拖出窗口。
- 起始点/结束点：定义声音开始和结束的时刻。
- ■ 和 ▶ 按钮：停止和播放按钮，可以随时听取编辑后的声音。
- ⊕ 和 ⊖ 按钮：在水平方向上放大或缩小声音波形。
- ⊙ 和 ⊞：以秒或者帧为单位显示波形。

（1）设置效果

在效果下拉列表中选择一种声音效果即可完成声音的编辑。例如，选择从左到右淡出效果，如图 5-2-7 所示，可以使左声道音量逐渐变小，右声道音量逐渐变大。

（2）设置声音的开始和结束

在"编辑封套"对话框中拖动起始点和结束点的标志，即可改变声音的开始位置和结束位置，从而保留声音文件中需要的部分。可以配合放大和缩小按钮，或者下方的横向滚动条，来对声音波形进行精确的观察，从而确定声音的开始位置和结束位置。如图 5-2-8 所示。

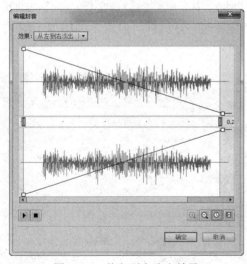

图 5-2-7　从左到右淡出效果

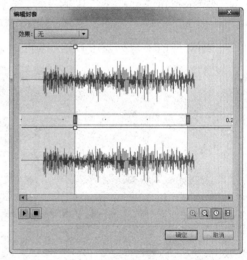

图 5-2-8　设置开始点和结束点

3．同步选项

在"属性"面板中，"同步"选项默认的类型是事件类型。在 Flash CS6 中的声音同步类型共有 4 种，分别是事件、开始、停止和数据流。

- 事件：会将声音和一个事件的发生过程同步起来。事件声音（例如用户单击按钮时播放的声音）在显示其起始关键帧时开始播放，并独立于时间轴完整播放。如果声音播放时间比时间轴影片长，则即使影片播放完了，声音还会继续播放直到播放完成为止；如果声音文件播放时间比时间轴影片短，则会在影片播放完之前停止。当播放发布 SWF 文件时，事件声音会混合在一起。如果事件声音正在播放，而声音再次被实例化（例如用户再次单击按钮），则第一个声音实例继续播放，另一个声音实例同时开始播放。这种方式适用于不需要同步的音乐。

- 开始：与事件选项的功能相近，但是如果声音已经在播放，则新声音实例就不会播放。
- 停止：使指定的声音停止播放。
- 数据流：将同步声音，以便在网站上播放。Flash 强制动画和音频流同步。与事件声音不同，数据流随着动画播放的停止而停止。而且数据流的播放时间绝对不会比帧的播放时间长。

4. 压缩声音

Flash 动画在网页中被广泛使用的原因之一是 Flash 文件存储空间较小，Flash CS6 会对输出文件进行压缩，包括对声音的压缩。声音的压缩有以下两种方法。

- 全局压缩设置。执行"文件"→"发布设置"命令，在弹出的"发布设置"对话框中单击音频流和音频事件后面的蓝色字体，在打开的"声音设置"对话框中为音频流或音频事件进行全局压缩设置。如图 5-2-9 所示。
- 对单个声音文件进行压缩设置。右击"库"面板中要压缩的声音文件，在弹出的快捷菜单中选择"属性"命令，即可弹出"声音属性"对话框，如图 5-2-10 所示，在压缩对应的下拉列表中设定相应的压缩选项。

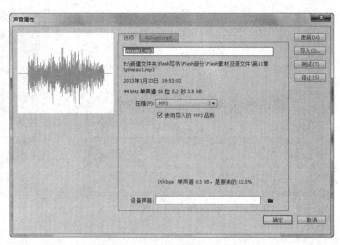

图 5-2-9 全局压缩设置　　　　　　图 5-2-10 单个声音文件压缩

"声音属性"对话框中的压缩选项可以控制声音压缩的品质和大小。"压缩"下拉列表中共有以下 5 个选项。

（1）默认压缩：将使用"发布设置"对话框中的全局压缩设置。

（2）ADPCM：用于设置 8 位或 16 位声音数据的压缩。导出较短的事件声音（如单击按钮）时，适合使用 ADPCM 设置。

● 预处理：选择"将立体声转换成单声道"（单声道不受此选项的影响）会将混合立体声转换成非立体声（单声道）。

● 采样比率：控制声音保真度和文件大小。较低的采样比率会减小文件大小，但也会降低声音品质。5kHz 对于语音来说，是最低可接受标准。11kHz 对于音乐短片来说，是建议的最低声音品质，是标准 CD 比率的 1/4。22kHz 是用于 Web 回放的常用选择，是标准 CD 比率的 1/2。44kHz 这是标准的 CD 音频比率。

（3）MP3 压缩：以 MP3 压缩格式导出声音。当导出较长的音频流时，适合使用 MP3 选项。如果要导出一个以 MP3 格式导入的文件，导出时可以使用该文件导入时的相同设置。

（4）语音压缩：是用一个特别适合于语音的压缩方式导出声音。如果选择语音压缩，需要设置采样率选项来控制声音的保真度和文件大小。较低的采样比率可以减小文件大小，但也会降低声音品质。

（5）Raw：Raw 是未经处理、也未经压缩的意思。这种压缩格式不是真正的压缩，它可以将立体声转换为单声道，允许导出声音时用新的采样率进行再采样。

5.3　案例：公益宣传视频——外部视频的导入与操作

【案例目的】在 Flash 中使用视频文件。

【知识要点】导入视频的基本操作。

【案例效果】效果如图 5-3-1 所示。

图 5-3-1　案例效果

【操作步骤】

（1）新建一个 Flash 文件（ActionScript 3.0），执行"文件"→"导入"→"导入到舞台"

命令，在弹出的"导入"对话框中，选择文件"5 外部素材的应用\素材\制作公益宣传视频\背景.jpg"，单击"打开"按钮，文件被导入到舞台中，如图 5-3-2 所示。将图层 1 重命名为"背景"。

（2）单击"时间轴"面板下方的"新建图层"按钮 ，创建一个新图层并命名为"视频"。执行"文件"→"导入"→"导入视频"命令，弹出"导入视频"对话框，单击"浏览"按钮，在弹出的"打开"对话框中选择"公益.flv"文件，单击"打开"按钮，返回到导入视频对话框"选择视频"界面中，选择"在 SWF 中嵌入 FLV 并在时间轴中播放"。

（3）单击"下一步"按钮，在导入视频对话框"嵌入"界面进行设置，如图 5-3-3 所示。单击"下一步"按钮，在导入视频对话框"完成视频导入"界面进行设置。

图 5-3-2　导入背景图片

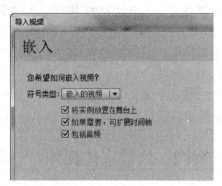
图 5-3-3　设置嵌入选项

（4）单击"完成"按钮，视频文件被导入到舞台中，如图 5-3-4 所示。选中"视频"图层，选择任意变形工具 ，在视频周围出现控制手柄，调整视频的大小，并将其拖到合适位置，如图 5-3-5 所示。

图 5-3-4　导入视频到舞台

图 5-3-5　调整视频大小和位置

（5）单击"时间轴"面板下方的"新建图层"按钮 ，创建一个新图层并命名为"文字"。选择文本工具 ，在"属性"面板中设置相关参数，如图 5-3-6 所示。在舞台上输入文本"孝敬父母 珍惜亲情"，如图 5-3-7 所示。

图 5-3-6　设置文本参数

图 5-3-7　在舞台上添加文本

（6）按 Ctrl+Enter 键预览并测试动画效果，将文件保存为"公益视频.fla"。

5.3.1　可导入的视频文件类型

如果要将视频导入到 Flash CS6 中，必须使用以 FLV 或 H.264 格式编码的视频。视频导入向导检查选择导入的视频文件，如果视频不是 Flash 可以播放的格式，则会弹出提醒对话框。如果视频不是 FLV 或 F4V 格式，则可以使用 Adobe Media Encoder 以适当的格式对视频进行编码。

FLV（Macromedia Flash Video）文件可以导入或导出带编码音频的静态视频流，适用于通信应用程序。F4V 是 Adobe 公司继 FLV 格式后的支持 H.264 的 F4V 流媒体格式。它和 FLV 主要的区别在于，FLV 格式采用的是 H.263 编码，而 F4V 则支持 H.264 编码的高清晰视频，码率最高可达 50Mb/s。

5.3.2　导入视频的基本操作

执行"文件"→"导入"→"导入视频"命令，弹出"导入视频"对话框，如图 5-3-8 所示。可以选择位于本地计算机上的视频剪辑，也可以输入已上载到 Web 服务器或 Flash Media Server 的视频 URL。

要导入本地计算机上的视频，单击"浏览"按钮，弹出"打开"对话框，选择要导入的视频文件后，单击"打开"按钮，返回到导入对话框。导入视频对话框提供了 3 个视频导入选项：

- 使用播放组件加载外部视频：导入视频并创建 FLVPlayback 组件的实例以控制视频回放。可以将 Flash 文档作为 SWF 发布并将其上载到 Web 服务器时，还必须将视频文件上载到 Web 服务器或 Flash Media Server，并按照已上载视频文件的位置配置 FLVPlayback 组件。
- 在 SWF 中嵌入 FLV 并在时间轴中播放：将 FLV 或 F4V 嵌入到 Flash 文档中。这样导入视频时，该视频放置于时间轴中可以看到时间轴帧所表示的各个视频帧的位置。嵌入的 FLV 或 F4V 视频文件成为 Flash 文档的一部分。将视频内容直接嵌入到 Flash SWF 文件中会显著增加发布文件的大小，因此仅适合于小的视频文件。

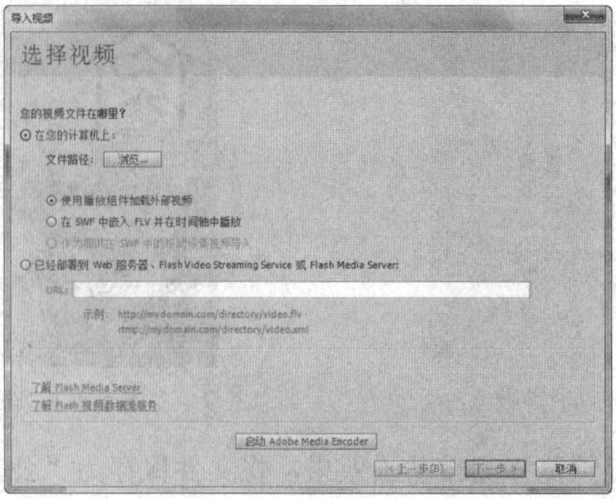

图 5-3-8 "导入视频"对话框

- 作为捆绑在 SWF 中的移动设备视频导入：与在 Flash 文档中嵌入视频类似，将视频绑定到 Flash Lite 文档中以部署到移动设备。

1. 使用播放组件加载外部视频

在导入视频对话框"选择视频"界面中，如果选择"使用播放组件加载外部视频"，单击"下一步"按钮，进入导入视频对话框的"设定外观"界面，如图 5-3-9 所示。通过"外观"下拉列表中的选项，选择视频剪辑的外观。如果选择"无"，则不设置 FLVPlayback 组件的外观。如果选择预定的 FLVPlayback 组件外观之一，Flash 将外观复制到 FLA 文件所在的文件夹。也可以输入 Web 服务器上的外观的 URL，选择自己设计的自定义外观。

单击"下一步"按钮，进入"完成视频导入"界面，单击"完成"按钮，完成视频的导入，在舞台上的显示效果如图 5-3-10 所示。

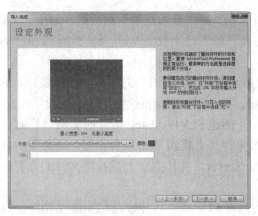

图 5-3-9 设定外观

图 5-3-10 舞台上显示效果

2. 在时间轴中嵌入视频

对于较短小的视频，可以直接嵌入到 Flash 的时间轴中，发布时可以作为 SWF 文件的一部分。这种情况下，通常会显著地占用文件的存储空间，增大 SWF 文件的体积，因此，较长的视频不宜采用这种方式，否则可能会导致视频与音频不同步，并且发布后不能更改嵌入的视频内容。

在导入视频对话框"选择视频"界面中，选择"在 SWF 中嵌入 FLV 并在时间轴中播放"，单击"下一步"按钮，进入导入视频对话框的"嵌入"界面，如图 5-3-11 所示，选择用于将视频嵌入到 SWF 文件的元件类型。类型有以下 3 种：

- 嵌入的视频：如果要使用在时间轴上线性播放的视频剪辑，那么最适合的方法就是将该视频导入到时间轴。
- 影片剪辑：将视频置于影片剪辑实例中，可以获得对内容的最大控制。视频的时间轴独立于主时间轴进行播放。
- 图形：将视频剪辑嵌入为图形元件时，无法使用 ActionScript 与该视频进行交互。

单击"下一步"按钮，完成视频的导入。在舞台上的显示效果如图 5-3-12 所示。

图 5-3-11　舞台上显示效果

图 5-3-12　舞台上的效果

5.3.3　导入视频的编辑

选中导入到舞台上的视频，单击工具箱中的"任意变形工具"按钮，或者在变形面板中设置参数，都可以实现对视频的变形、旋转、倾斜和缩放操作，如图 5-3-13 所示。

图 5-3-13　对视频进行编辑

习题 5

一、填空题

1. 通过_____命令可将舞台上的位图转换为具有可编辑的离散颜色区域的矢量图形。

2. 在 Flash CS6 中的声音同步类型共有 4 种，分别是_____、_____、_____和_____。

3. 如果要将视频导入到 Flash CS6 中，必须使用以_____或_____格式编码的视频。

二、简答题

1. 可导入 Flash CS6 的外部图像的文件类型有哪些？

2. 简述在 Flash CS6 中声音压缩的两种方法。

3. 简述在 Flash CS6 中导入视频的操作步骤。

三、操作题

制作圣诞贺卡，要求自己搜集位图素材，添加背景音乐，插入合适的视频。

6

基本动画制作

学习目标

- 了解 Flash 动画的发展
- 理解"帧"和"图层"等基本概念
- 掌握使用时间轴制作动画的方法
- 掌握逐帧动画的制作方法技巧
- 掌握补间形状动画的制作方法技巧
- 掌握传统补间动画的制作方法技巧
- 掌握补间动画的制作方法技巧

重点难点

- 逐帧动画
- 形状提示的添加
- 传统补间动画
- 补间动画

6.1 认识时间轴

时间轴是 Flash 中最重要和最核心的部分,所有的动画顺序、动作行为、控制命令以及声音等都是在时间轴中编排的。

6.1.1 帧

1. 帧的分类

帧是一个概念,类似电影中的胶片。Adobe Flash Professional CS6 文档也将时长分为帧。

Flash 中"帧"分为 4 类：关键帧、空白关键帧、普通帧和过渡帧，这 4 种类型在时间轴上有明确的表示，如图 6-1-1 所示。

（1）关键帧

时间轴上为"实心的圆点"表示此帧为关键帧，一般需要改变的帧插入关键帧。在时间轴上要创建关键帧，可先在时间轴中选择一个帧，然后执行下列操作之一：

● 执行菜单"插入"→"时间轴"→"关键帧"命令，如图 6-1-2 所示。

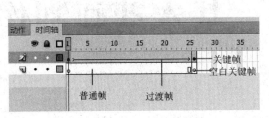

图 6-1-1　4 种不同的关键帧

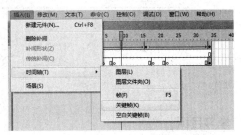

图 6-1-2　插入关键帧

● 右击选中的帧，在弹出的快捷菜单中选择"插入关键帧"，如图 6-1-3 所示。

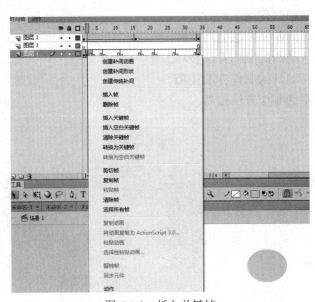

图 6-1-3　插入关键帧

● 按快捷键：F6。

（2）普通帧

为了对某一关键帧的内容进行延续，需要插入普通帧，可以增加影片的长度。空白关键帧后面的普通帧显示为白色，关键帧后面的普通帧显示为浅灰色。要创建普通帧，可先在时间轴中选择一个帧，然后执行下列操作之一：

- 执行菜单"插入"→"时间轴"→"帧"命令。
- 右击选中的帧，在弹出的快捷菜单中选择"插入帧"命令。
- 按快捷键：F5。

（3）空白关键帧

没有内容的关键帧，时间轴上为"空心的圆点"，表示此帧为空白关键帧。插入空白关键帧可以让关键帧后面的内容不显示，直到在它后面的位置插入新的关键帧。要创建空白关键帧，可先在时间轴中选择一个帧，然后执行下列操作之一：

- 执行菜单"插入"→"时间轴"→"空白关键帧"命令。
- 右击选中的帧，在弹出的快捷菜单中选择"插入空白关键帧"命令。
- 按快捷键：F7。

（4）过渡帧

两个关键帧之间带箭头的区域就是过渡帧，它是自动生成的过渡动作。

2. 帧的操作

我们可以通过在帧上右键单击，然后在快捷菜单中选择相应的命令来对帧进行操作，主要的操作有：

- 复制帧：选中要复制的帧，右击选择菜单中的"复制帧"命令，然后选择新的位置再右击用"粘贴帧"命令，可以将其粘贴到新的位置。
- 剪切帧：用空白帧换掉区间中的某一帧，同时保留区间中的其他部分的内容不受影响。然后选择新的位置再右击用"粘贴帧"命令，可以将其粘贴到新的位置。也可以选中要移动的帧，当鼠标出现虚方框时按中鼠标左键拖动到任何位置。
- 转换为关键帧：可以将普通帧转换为关键帧。
- 转换为空白关键帧：可以将普通帧转换为空白关键帧。
- 选择所有帧：选择整个区间的帧。
- 翻转帧：可以将选中的帧序列翻转过来，相当于影片特技中的"倒带"效果。

6.1.2 图层

1. 图层的概念

文档中的图层列在时间轴左侧的列中。每个图层中包含的帧显示在该图层名右侧的一行中。图层就像一摞透明的纸，每一张都保持独立，它们的内容相互没有影响，可以进行独立的操作，同时又可以合成一个完整的电影。在制作动画时对当前图层进行编辑不会影响其他图层。如图 6-1-4 所示。

用户可以在 Flash 的不同图层中分别处理和绘制图形图像，而不会在处理当前图层中的图形图像时，影响其他图层中的图形图像。

2. 图层类型与功能

Flash 提供了多种类型的图层供用户选择，每种类型的图层均具有图层的基本属性，也存在很大差异，Flash 中的各种图层类型如图 6-1-5 所示。

图 6-1-4　图层示例

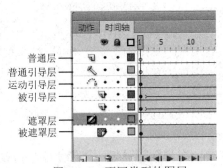

图 6-1-5　不同类型的图层

普通层
普通引导层
运动引导层
被引导层
遮罩层
被遮罩层

- 普通层：新建图层后得到的图层就是普通图层，是图层中最基础的图层。
- 普通引导层：用于帮助对象定位，如辅助线、图形、图像等。引导层除了起到引导的作用以外，同时具备普通图层中的任何属性。在引导层上绘制的图形与线条为引导路径，在播放影片时，不会被显示出来。
- 运动引导层：可以设置引导层，用于引导被引导图层中图形对象依照引导线进行移动。当设置某个图层为引导层时，在该图层的下一层便被默认为被引导图层。一个运动引导层可以同时成为多个图层中对象的运动路径，使多个对象沿同一条路径运动。
- 被引导层：图层中的对象按照运动引导层中的路径运动。与引导层是相辅相成的关系。
- 遮罩层：指放置遮罩物的图层，该图层利用遮罩对下面图层的被遮罩物进行遮挡。当设置某个图层为遮罩层时，在该图层的下一层便被默认为被遮罩图层。

● 被遮罩层：是与遮罩图层对应的图层，用来放置被遮罩的图层，图层中的对象与上面的图层建立被遮罩的关系图层的操作如图 6-1-6 所示。

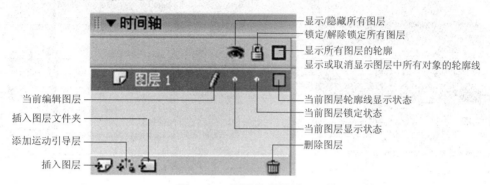

图 6-1-6 图层操作界面

3. 图层的操作

（1）新增图层

图层数量不会影响文件的大小，但会受内存的限制。在时间轴上要创建新增图层，可先在时间轴中图层中选择一个图层，然后执行下列操作之一：

● 执行菜单"插入"→"时间轴"→"图层"命令，如图 6-1-7 所示。
● 右键快捷菜单，在弹出的菜单中选择"插入图层"命令，如图 6-1-8 所示。
● 单击时间轴右下角的快捷键。

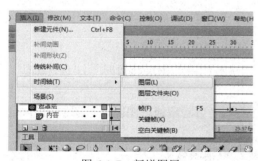

图 6-1-7 新增图层

图 6-1-8 新增图层

（2）重命名图层

重命名图层可先在时间轴中图层中选择一个图层，然后执行下列操作之一：

● 在层名上双击修改，如图 6-1-9 所示。
● 右键快捷菜单"属性"，在弹出的"属性"对话框中修改，如图 6-1-10 所示。

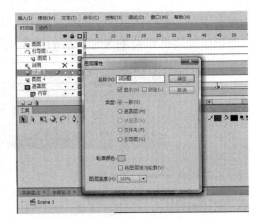

图 6-1-9　重命名图层　　　　　　　　　图 6-1-10　重命名图层

（3）改变图层顺序

在"图层"面板上用鼠标进行拖拽可以改变图层顺序。

（4）选择图层

每次只能编辑一个图层，图层只有成为当前层才能进行编辑，当前层的名称旁边有个铅笔的图标。选择图层有三种方法：

● 单击时间轴上该层的任意一帧。

● 单击时间轴上该层的名称。

● 选取工作区中的对象，则对象所在的图层被选中。

（5）新建图层文件夹

新建图层文件夹有三种方法：

● 单击"时间轴"面板底部的"插入图层文件夹"按钮。

● 选择"插入"→"时间轴"→"图层文件夹"命令。

● 右击弹出的菜单中选择的"插入图层文件夹"命令。

（6）隐藏图层

编辑时可通过隐藏图层来减少不同图层间的干扰被隐藏的图层将暂时无法进行编辑，隐藏/取消隐藏图层有三种方法：

● 单击图层名称右边的隐藏栏，会出现一个红叉，可隐藏或取消隐藏该图层如图 6-1-11
所示。

● 用鼠标在图层的隐藏栏上下拖动，可隐藏或取消隐藏多个图层。

● 单击"显示或隐藏所有图层"按钮，可将所有图层隐藏或取消隐藏。

（7）锁定图层

锁定图层可防止已编辑好的图层被意外修改，被锁定的图层将暂时无法进行编辑（仍可见），锁定/解除锁定图层的方法与隐藏/取消隐藏图层类似，单击"锁定/解除锁定所有图层"按钮，如图 6-1-12 所示。

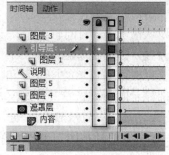

图 6-1-11　隐藏图层　　　　　　　图 6-1-12 锁定图层

（8）显示为轮廓

在编辑图层的某对象时，若该对象被另一图层中的对象所遮盖，可使遮盖层处于轮廓显示状态。对象的轮廓颜色与其所在层在图层面板上的"显示模式栏"图标的颜色一致。显示/取消显示为轮廓的方法，单击"将所有图层显示为轮廓"按钮，如图 6-1-13 所示。

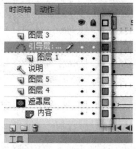

图 6-1-13　显示为轮廓

6.1.3　辅助工具

时间轴的辅助工具如图 6-1-14 所示。

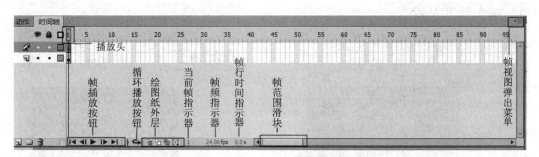

图 6-1-14　时间轴的辅助工具

播放头指示当前在舞台中显示的帧。播放文档时，播放头从左向右通过时间轴。在时间轴底部显示的时间轴状态指示所选的帧编号、当前帧速率以及到当前帧为止的运行时间。

1. 更改时间轴的外观

● 默认情况下，时间轴显示在主文档窗口下方。要更改其位置，请将时间轴与文档窗口分离，然后在单独的窗口中使时间轴浮动，或将其停放在您选择的任何其他面板上。

● 要更改可以显示的图层数和帧数，请调整时间轴的大小。当时间轴包含的图层无法全部显示时，要查看其他图层，请使用时间轴右侧的滚动条。

2. 更改时间轴中的帧显示

（1）要显示"帧视图"弹出菜单，请单击时间轴右上角的"帧视图"。要更改帧单元格的宽度，请选择"很小"、"小"、"正常"、"中"或"大"，如图 6-1-15 所示。

图 6-1-15　帧视图

（2）要减小帧单元格行的高度，请选择"较短"。要打开或关闭用彩色显示帧顺序，请选择"彩色显示帧"。要显示每个帧的内容缩略图，请选择"预览"。

（3）若要显示每个完整帧（包括空白空间）的缩略图，请选择"关联预览"。

3. 绘图纸外观

可以将关键帧上的内容同时显示出来，如图 6-1-16 所示为没有使用绘图纸，而图 6-1-17 为使用了绘图纸外观的。

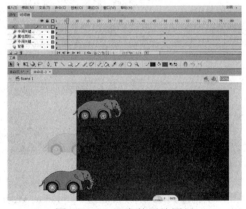

图 6-1-16　没有使用绘图纸

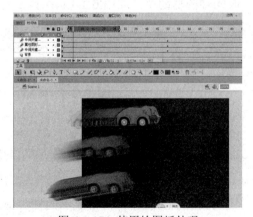

图 6-1-17　使用绘图纸外观

6.2 案例：跳动的字符——逐帧动画

【案例目的】使用逐帧动画制作一个跳动的字符。

【知识要点】主要使用文字工具、选择工具等工具以及逐帧动画来制作跳动的字符动画。

【案例效果】"China Dream"每个字符跳动，效果如图6-2-1所示。

图 6-2-1　跳动的字符动画效果

【操作步骤】

（1）新建一个 Flash 文档（ActionScript 3.0）。背景色为#6633ff，FPS 为 5，并新建一个图层。自下而上分别修改图层的名称为"背景"、"字符"。

（2）选中"字符"图层，在第一帧按"F6"插入关键帧，在"工具"箱中选择"文本工具"，修改字体大小为"74"点，字体颜色为"白色"，在舞台中分别制作 10 个独立的文本。文本内容分别为："C"、"h"、"i"、"n"、"a"、"D"、"r"、"e"、"a"、"m"，并调整到位置如图 6-2-2 所示。

（3）选中"字符"图层，在第 1 帧到第 11 帧按 F6 键插入关键帧，单击第 2 个关键帧并选中场景中的"C"字符。在工具箱中选择"文本工具"，修改"C"字体颜色为#ffff33 并按键盘上的向上方向键向上移动 8 个单位，效果如图 6-2-3 所示。

图 6-2-2　创建文本

图 6-2-3　字符位置

（4）单击第 3 个关键帧，在工具箱中选择"文本工具"，修改场景中的"C"和"h"字体颜色为#ffff33。再次单独选择"h"字符然后按键盘上的向上方向键向上移动 8 个单位，效果如图 6-2-4 所示。

图 6-2-4 调整"h"

（5）单击第 4 个关键帧并选中场景中的"C"、"h"、"i"字符。在工具箱中选择"文本工具"，修改"C"、"h"、"i"字体颜色为#ffff33。再次单独选择"i"字符然后按键盘上的向上方向键向上移动 8 个单位。

（6）单击第 5 个关键帧并选中场景中的"C"、"h"、"i"、"n"字符。在工具箱中选择"文本工具"，修改"C"、"h"、"i"、"n"字体颜色为#ffff33。再次单独选择"n"字符然后按键盘上的向上方向键向上移动 8 个单位。

（7）单击第 6 个关键帧并选中场景中的"C"、"h"、"i"、"n"、"a"字符。在工具箱中选择"文本工具"，修改"C"、"h"、"i"、"n"、"a"字体颜色为#ffff33。再次单独选择"a"字符然后按键盘上的向上方向键向上移动 8 个单位。

（8）单击第 7 个关键帧并选中场景中的"C"、"h"、"i"、"n"、"a"、"D"字符。在工具箱中选择"文本工具"，修改"C"、"h"、"i"、"n"、"a"、"D"字体颜色为#ffff33。再次单独选择"D"字符然后按键盘上的向上方向键向上移动 8 个单位。

（9）单击第 8 个关键帧并选中场景中的"C"、"h"、"i"、"n"、"a"、"D"、"r"字符。在工具箱中选择"文本工具"，修改"C"、"h"、"i"、"n"、"a"、"D"、"r"字体颜色为#ffff33。再次单独选择"r"字符然后按键盘上的向上方向键向上移动 8 个单位。

（10）单击第 9 个关键帧并选中场景中的"C"、"h"、"i"、"n"、"a"、"D"、"r"、"e"字符。在工具箱中选择"文本工具"，修改"C"、"h"、"i"、"n"、"a"、"D"、"r"、"e"字体颜色为#ffff33。再次单独选择"e"字符然后按键盘上的向上方向键向上移动 8 个单位。

（11）单击第 10 个关键帧并选中场景中的"C"、"h"、"i"、"n"、"a"、"D"、"r"、"e"、

"a"字符。在工具箱中选择"文本工具"，修改"C"、"h"、"i"、"n"、"a"、"D"、"r"、"e"、"a"字体颜色为#ffff33。再次单独选择"a"字符然后按键盘上的向上方向键向上移动 8 个单位。

（12）单击第 11 个关键帧并选中场景中的"C"、"h"、"i"、"n"、"a"、"D"、"r"、"e"、"a"、"m"字符。在工具箱中选择"文本工具"，修改"C"、"h"、"i"、"n"、"a"、"D"、"r"、"e"、"a"、"m"字体颜色为#ffff33。再次单独选择"m"字符然后按键盘上的向上方向键向上移动 8 个单位。

（13）单击第 12 帧并插入关键帧，再次单独选择"m"字符然后按键盘上的"向下"方向键向上移动 8 个单位。

（14）按 Ctrl+Enter 键预览并测试动画效果，将文件保存为"跳动的字符.fla"。

6.2.1 动画原理

逐帧动画是一种常见的动画形式，其原理是在"连续的关键帧"中分解动画动作，也就是在时间轴的每帧上逐帧绘制不同的内容，使其连续播放而形成动画。

6.2.2 逐帧动画

1. 逐帧动画的制作方法

（1）新建一个 Flash 文档（ActionScript 3.0）。

（2）执行菜单"文件"→"导入"→"导入到舞台"命令，从打开的"导入"对话框中选择要导入的素材文件"海底动画"中的 haididongwu-01。因为要导入的文件是以数字结尾，并且在同一文件夹中还有其他的顺序编号的文件，会弹出询问是否要导入序列图像提示框，单击"是"按钮，导入文件序列。如图 6-2-5 所示。

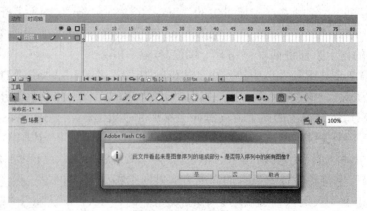

图 6-2-5　导入文件

这样，15 张图像均导入到动画中，观察此时的时间轴，如图 6-2-6 所示，可以看到 15 张图片依次导入到了 15 个关键帧中了。

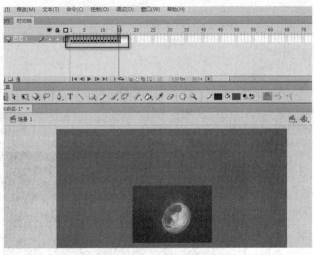

图 6-2-6　导入效果

　　调整图片的位置和大小，并在任意两帧之间插入空白关键帧可以改变帧动画的时间。也可以在不同的位置插入关键帧，并在对应的位置设置内容来生成逐帧动画。

　　因为逐帧动画的帧序列内容不一样，不但给制作增加了负担而且最终输出的文件量也很大，但它的优势也很明显，逐帧动画具有非常大的灵活性，几乎可以表现任何想表现的内容，而它类似于电影的播放模式，很适合表演细腻的动画。

　　创建逐帧动画的几种方法：

- 用导入的静态图片建立逐帧动画：把外部的.jpg、.png 等格式的静态图片一张一张的连续导入 Flash 中的相应的关键帧中，这些关键帧连在一起就会建立一段逐帧动画。
- 绘制矢量逐帧动画：使用 Flash 中的绘图工具在场景中一帧帧的画出每一帧中的内容，连在一起就会建立一段逐帧动画。
- 文字逐帧动画：用文字作帧中的元件，实现文字跳跃、旋转等特效。
- 导入序列图像：把外部做好的.gif 序列图像、.swf 动画文件或者利用第 3 方软件（如 Swish、Swift 3D 等）产生的动画序列导入到 Flash 中来制作出逐帧动画。

　　下面通过一个"倒计时"的制作来学习一下逐帧动画的制作步骤：

　　（1）新建一个 Flash 文档（ActionScript 3.0）。

　　（2）新建多个图层：自下而上分别修改图层的名称为"背景"、"椭圆"、"线条"、"数字"、"字符"。如图 6-2-7 所示。

　　（3）绘制对应的背景：选中"椭圆"图层，在工具箱中选择"椭圆工具"并单击"对象绘制"图标，并修改"椭圆工具"的填充色为白色。在舞台中心按住 Shift 键绘制一个正圆，并调整其到舞台中心。选中"线条"图层，在工具箱中选择"线条工具"，并单击"对象绘制"图标，在舞台中心按住 Shift 键绘制一个下水平线和一个垂直的线，并调整两条线穿过椭圆中心，如图 6-2-8 所示。

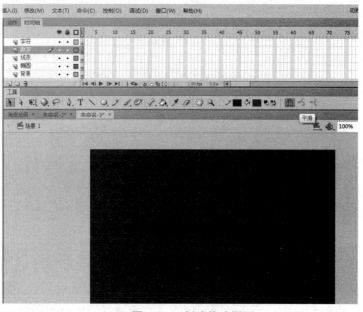

图 6-2-7　新建修改图层

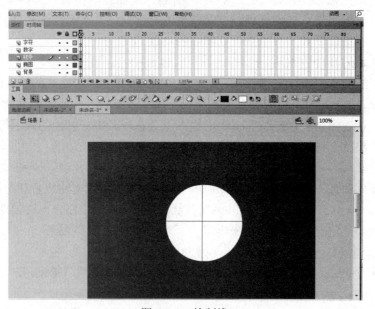

图 6-2-8　绘制线

（4）在对应的关键帧上制作动画内容：选中"数字"图层，在工具箱中选择"文本工具"，在舞台中心生成一个数字"9"，修改字体大小为"74"点，字体颜色为"红色"，并调整到椭圆中心，如图 6-2-9 所示。

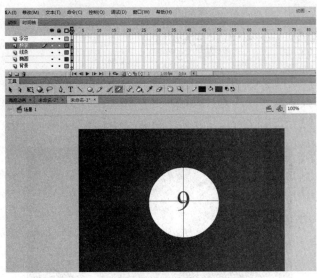

图 6-2-9　生成文字

　　分别选中"椭圆"、"线条"图层，在相应图层的第 11 帧处按 F5 键插入帧。选中"数字"图层，在应该图层的第 2 帧处"F6"插入关键帧，并修改文本的内容为"8"。

　　选中"数字"图层，在应该图层的第 3 帧到 10 帧处分别按 F6 键插入关键帧，并修改各关键帧中文本的内容为"7"、"6"、"5"、"4"、"3"、"2"、"1"、"0"。

　　选中"字符"图层，在应该图层的第 11 帧按 F6 键插入关键帧，并使用文本工具制作文本"GO"，并设置文本颜色为绿色。到此逐帧动画就制作完成了，测试动画效果如图 6-2-10 所示。

图 6-2-10　完成逐帧动画

6.3　案例：中国梦——补间形状动画

【案例目的】使用补间动画制作图形和文字交替出现的动画。

【知识要点】主要通过绘图工具、补间形状动画来完成整个动画效果。

【案例效果】灯笼和文字交替出现，效果如图 6-3-1 所示。

图 6-3-1　"中国梦"动画效果

【操作步骤】

（1）绘制灯笼。

1）新建一个 Flash 文档（ActionScript 3.0），设置舞台大小为 550×365 像素，背景色为白色，FPS 为 12，并修改图层的名称为"背景"。

2）执行"文件"→"导入到舞台"命令，将本实例中名为"烟花.jpg"的图片导入到场景中。

3）执行"窗口"→"颜色"命令，打开"颜色"面板，如图 6-3-2 所示。设置"颜色"面板的各项参数，其中笔触色彩为"无"，填充色为"放射"。

图 6-3-2　设置颜色

4）新建一个图层并修改名称为灯笼，在工具箱中选择"椭圆工具"绘制灯笼主体如图
6-3-3 所示。

图 6-3-3   绘制灯笼

5）打开"颜色"面板，修改"颜色"面板的各项参数如图 6-3-4 所示设置。其中笔触色
彩为"无"，填充色为"线性渐变"。

图 6-3-4   修改"颜色"面板参数

6）在工具箱中选择"矩形工具"绘制灯笼上部和下部。再画一个小的矩形作为灯笼上面
的提手。最后用直线工具在灯笼的下面画几条黄色线条做灯笼穗，一个漂亮的灯笼就画好了。
如图 6-3-5 所示。

（2）"中国梦"文字制作。

1）选择"背景"图层并在第 80 帧处按下 F5 键，加普通帧，然后选择"灯笼"图层复制
两个并更改图层名称。调整灯笼的位置，使其错落有致地排列在场景中。在第 20、40 帧处为
各图层添加关键帧，如图 6-3-6 所示。

图 6-3-5　灯笼效果

图 6-3-6　添加关键帧

2）选取第一个灯笼，在第 40 帧处用文字"中"取代灯笼，文字的的"属性"面板上的参数："文本类型"为静态文本，"字体"为华文新魏，"字体大小"为 110，"颜色"为红色。对"中"字执行"修改"→"分散"命令，把文字转为形状。依照以上步骤，在第 40 帧处的相应图层上依次用"国"、"梦"两个字取代另外两个灯笼，并执行"分散"操作，如图 6-3-7 所示。

（3）设置文字形状到灯笼形状的转变。

1）选择"灯笼"各图层的第 60 帧和 80 帧，分别添加关键帧。

2）分别选择复制第 20 帧中的"灯笼"图形，选择 80 帧"粘贴"。

图 6-3-7　分散文字

3）创建补间形状动画：在"灯笼"各图层的第 20、60 帧处单击帧，并右击，在弹出的快捷菜单中选择"创建补间形状"建立补间形状动画，如图 6-3-8 所示。

图 6-3-8　建立补间形状动画

（4）按 Ctrl+Enter 键预览并测试动画效果，将文件保存为"中国梦.fla"。

6.3.1　动画原理

　　补间形状动画就是只要设置起始帧和终止帧上对象的形状，由 Flash 自动生成其他过渡形状的动画。也可以说通过帧的运动来改变形状。当设定了起始帧和终止帧上的对象的形状并创建了补间形状动画后，可以由 Flash 按形状过渡的规律，通过运算得到，这是补间形状动画原理的关键所在。

　　补间形状中的"对象"，必须具有分解属性，利用工具箱中工具绘制的图形都具有分解属性。若要对组、实例或位图图像应用形状补间，请分离这些元素。若要对文本应用补间形状，请将文本分离两次，从而将文本转换为对象。补间形状动画所说的"形状"，指的是对象的外形、大小、颜色、透明度、位置等属性。

6.3.2　补间形状动画

　　在时间轴面板上动画开始播放的地方创建或选择一个关键帧并设置要开始变形的形状，一般一帧中以一个对象为好，在动画结束处创建或选择一个关键帧并设置要变成的形状，再单击开始帧，选择"插入"菜单下的"补间形状"，如图 6-3-9 所示。也可以直接右击，在快捷菜单中选择"创建补间形状"命令，如图 6-3-10 所示。补间形状动画建好后，"时间轴"面板的背景色变为淡绿色，在起始帧和结束帧之间有一个长长的箭头，如图 6-3-11 所示。

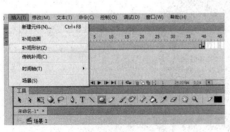

图 6-3-9　创建补间形状　　　　　　　　图 6-3-10　创建补间形状

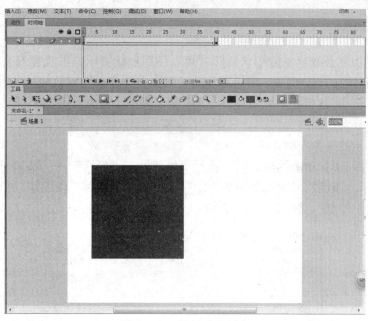

图 6-3-11 补间形状颜色

创建成功后，在右侧的"属性"面板将会出现相应的参数。

- 缓动：拖动鼠标可以改变它的数值大小或填入具体的数值，补间形状动画会随之发生相应的变化。-100 到 0 的负值之间，动画运动的速度从慢到快，朝运动结束的方向加速度补间。在 1 到 100 的正值之间，动画运动的速度从快到慢，朝运动结束的方向减慢补间。默认情况下，补间帧之间的变化速率是不变的。

- 混合："角形"选项，创建的动画中间形状会保留有明显的角和直线，适合于具有锐化转角和直线的混合形状。"分布式"选项，创建的动画中间形状比较平滑和不规则。如图 6-3-12 所示。

说明：如果"补间形状动画"创建不成功则会出现虚线，并且在属性出现"感叹号"标志，如图 6-3-13 所示。这时检查关键帧是否丢失或者关键帧中的内容是否为形状。

图 6-3-12 修改动画参数

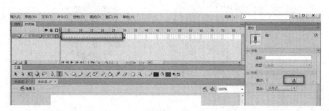

图 6-3-13 创建不成功

6.3.3　使用形状提示

若要控制更加复杂或罕见的形状变化，可以使用形状提示。形状提示会标识起始形状和结束形状中的相对应的点。例如，如果要补间一张正在改变表情的脸部图画时，可以使用形状提示来标记每只眼睛。这样在形状发生变化时，脸部就不会乱成一团，每只眼睛还都可以辨认，并在转换过程中分别变化。

添加形状提示的操作步骤：

（1）单击补间形状动画的开始帧，执行"修改"→"形状"→"添加形状提示"命令，如图 6-3-14 所示，该帧的形状就会增加一个带字母的红色圆圈，相应地，在结束帧形状中也会出现一个"提示圆圈"，如图 6-3-15 所示。

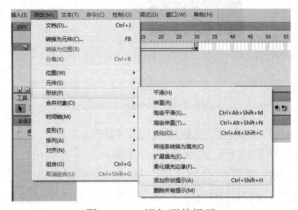

图 6-3-14　添加形状提示

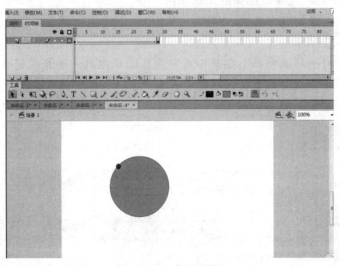

图 6-3-15　提示圆圈

（2）单击并分别按住这 2 个"提示圆圈"，在适当位置安放，安放成功后开始帧上的"提示圆圈"变为黄色，结束帧上的"提示圆圈"变为绿色，安放不成功或不在一条曲线上时，"提示圆圈"颜色不变，如图 6-3-16 所示。

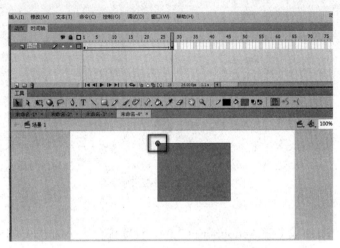

图 6-3-16　形状提示成功

（3）制作完成后测试动画效果。

说明：

● "形状提示"可以连续添加，最多能添加 26 个。用户按逆时针顺序从形状的左上角开始放置形状提示，它们的工作效果最好，这样可以确保"形状提示"是符合逻辑的。例如，前后关键帧中有 2 个三角形，我们使用 3 个"形状提示"，那么 2 个三角形中的"形状提示"顺序必须是一致的，而不能第一个形状是 abc，而在第二个形状是 acb。

● 形状提示要在形状的边缘才能起作用，在调整形状提示位置前，要打开工具栏上"选项"下面的"吸附开关"，这样，会自动把"形状提示"吸附到边缘上，如果你发觉"形状提示"仍然无效，则可以用工具栏上的放大工具单击形状，放大到 2000 倍，以确保"形状提示"位于图形边缘上。

● 删除形状提示有两种方法，一种是将其拖离舞台。另外一种方法是选择"修改"→"形状"→"删除所有提示"命令。删除单个形状提示，右击，在弹出菜单中选择"删除提示"命令。

● 选择"视图"→"显示形状提示"命令，仅当包含形状提示的图层和关键帧处于活动状态下时，"显示形状提示"才可用。

6.4　案例：多彩的风车——传统补间动画

【案例目的】使用传统补间动画制作旋转、色彩多变的风车和变化的文字。

【知识要点】主要通过绘图工具、文字工具、变形工具、传统补间动画来完成整个动画效果。

【案例效果】旋转、色彩多变的风车动画，效果如图6-4-1所示。

图 6-4-1　多彩风车动画效果

【操作步骤】

（1）新建一个 Flash 文档（ActionScript 3.0），设置舞台大小为 550×450 像素，背景色为 #ccff66，FPS 为 12，并修改图层的名称为"背景"。

（2）新建立两个图层，并更改新建立两个图层的名称为"风车"、"文字"，选择"背景"图层，在该图层的第 150 帧按 F5 插入帧。

（3）选择"风车"图层的第一帧（为方便绘制，可以锁定其他两个图层），选择工具箱中的"矩形工具"，设置笔触颜色为"无"，填充色为"绿色"并在场景中绘制一个无描边的绿色矩形。

（4）在工具箱中选择"部分选择工具"单击场景中矩形的左下角并删除，左上角往下移动（为方便调整，可以按 Ctrl+"+"键放大场景或者按 Ctrl+"-"键缩小场景），并适当调整图形大小，调整后的图形如图 6-4-2 所示。

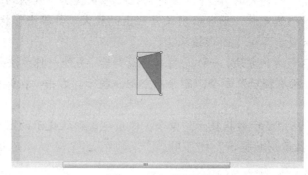

图 6-4-2　调整图形

（5）使用工具箱中的"选择工具"选取矩形，按 Ctrl+G 键组合操作。

（6）选取组合后的矩形，利用任意变形工具调整中心点到底端，如图 6-4-3 所示。

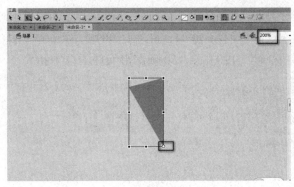

图 6-4-3　调整中心点

（7）选择"窗口"下的"变形"命令，打开"变形"面板。选中矩形组，在"变形"面板中的"旋转"中输入 45，单击右下角的"重制选区和变形"按钮 。如图 6-4-4 所示。连续单击"重制选区和变形"生成如图 6-4-5 所示图形。框选所有的图形将其转换为图形元件，并命名为"风车"。

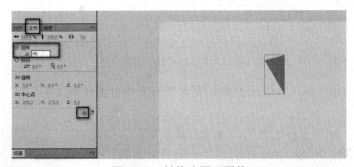

图 6-4-4　转换为图形原件

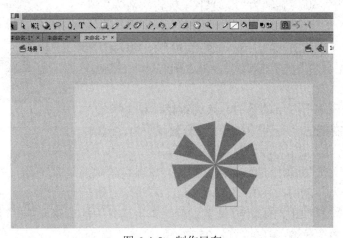

图 6-4-5　制作风车

（8）选中"风车"图层，选择场景中的风车，使用"任意变形工具"调整风车的大小，并移动到左上角。分别在该图层的第 30 帧、60 帧、90 帧、120 帧、150 帧插入关键帧，然后分别调整 30 帧、60 帧、90 帧、120 帧、150 帧图形元件的位置和大小，如图 6-4-6 所示。

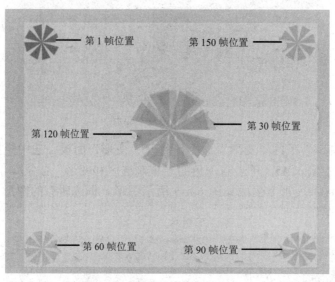

第 1 帧位置
第 150 帧位置
第 120 帧位置
第 30 帧位置
第 60 帧位置
第 90 帧位置

图 6-4-6　图形元件的位置和大小

（9）分别右击第 1 帧，在弹出的快捷菜单中选中"创建传统补间"命令创建传统补间动画。

（10）按照第 1 帧创建传统补间动画的方法分别在"风车"图层的 30 帧、60 帧、90 帧、120 帧创建"传统补间动画"。

（11）选中"风车"图层的第 1 帧，在右侧的"属性"对话框中，修改缓动为"-60"，旋转为"顺时针"，旋转次数为"1"，如图 6-4-7 所示。

（12）按照第 1 帧设置方法分别选择第 30 帧、60 帧、90帧、120 帧右侧的"属性"中，修改旋转为"顺时针"，旋转次数为"1"。

（13）选中"风车"图层的第 30 帧关键帧，单击场景中的风车元件。设置右侧的"属性"中的"色彩效果"为，色调：100，红：255，绿：0，蓝：0，如图 6-4-8 所示。

（14）选中"风车"图层的第 60 帧关键帧，单击场景中的风车元件。设置右侧的"属性"中的"色彩效果"为，色调：100，红：0，绿：0，蓝：255。

（15）选中"风车"图层的第 90 帧关键帧，单击场景中的风车元件。设置右侧的"属性"中的"色彩效果"为，色调：100，红：255，绿：255，蓝：0。

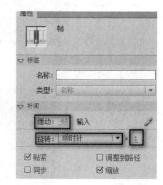

图 6-4-7　修改"缓动"

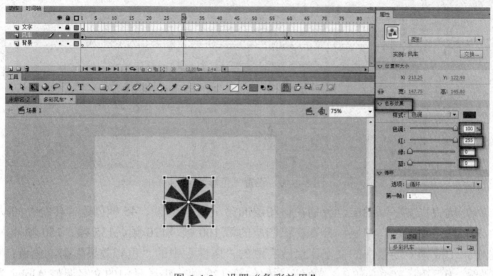

图 6-4-8 设置"色彩效果"

（16）选中"风车"图层的第 120 帧关键帧，单击场景中的风车元件。设置右侧的"属性"中的"色彩效果"为，色调：100，红：255，绿：0，蓝：255。

（17）选中"文字"图层的第 1 帧添加关键帧，在场景中添加文字："多彩风车"，字体大小：52 点，系列：华文新魏。将"多彩风车"文字转换为元件，并命名为"文字"，在该图层的第 30 帧、45 帧、75 帧分别插入关键帧。选中第 1 帧，将场景中的文字拖动到舞台左侧，并调整 Alpha 为 0，如图 6-4-9 所示。

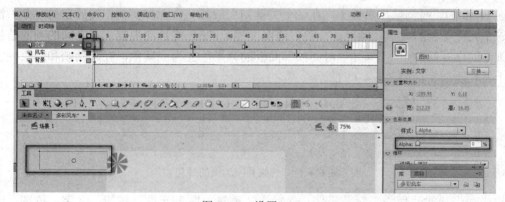

图 6-4-9 设置 Alpha

（18）选中"文字"图层的第 45 帧，将场景中的文字调整 Alpha 为 0，选中"文字"图层的第 75 帧，使用"任意变形"工具将文字放大，并调整右侧的"属性"中的"色彩效果"为，色调：100，红：255，绿：0，蓝：0，如图 6-4-10 所示。

图 6-4-10　设置"色彩效果"

（19）选中"文字"图层，分别在该图层的第 1 帧、30 帧、45 帧创建"传统补间动画"。

（20）选中"文字"图层，分别在该图层的第 100 帧、120 帧、135 帧、150 帧插入关键帧。选中第 100 帧中场景中的文字，修改右侧的"属性"中的"色彩效果"为，色调：100，红：0，绿：0，蓝：255。选中"文字"图层的第 120 帧，将场景中的文字调整 Alpha 为 0。选中"文字"图层的第 135 帧，将场景中的文字右侧的"属性"中的"色彩效果"为，色调：100，红：255，绿：0，蓝：255。

（21）选中"文字"图层，分别在该图层的第 75 帧、100 帧、135 帧创建"传统补间动画"。

（22）按 Ctrl+Enter 键预览并测试动画效果，将文件保存为"多彩的风车.fla"。

6.4.1　动画原理

在 Flash 的"时间帧"面板上，在一个关键帧上放置一个元件实例，然后在另一个关键帧改变这个元件实例的大小、颜色、位置、透明度等，Flash 将自动根据二者之间的帧的值创建的动画。动作补间动画建立后，"时间帧"面板的背景色变为淡紫色，在起始帧和结束帧之间有一个长长的箭头，如图 6-4-11 所示。

图 6-4-11　传统补间动画的外观

构成动作补间动画的元素是元件，包括影片剪辑、图形元件、按钮、文字、位图、组合等，但不能是形状，只有把形状组合或者转换成元件后才可以做动作补间动画。

6.4.2　传统补间动画

创建传统补间的操作步骤：

（1）单击图层名称使之成为活动层，然后在动画开始播放的图层中选择一个空白关键帧。

该帧将成为传统补间的第一帧。

（2）向传统补间的第一个帧添加内容。

（3）创建第二个关键帧（即动画结束处），并且选择这个新的关键帧。

（4）修改结束帧中的项目。

（5）创建传统补间，单击补间帧范围中的任意帧，然后选择"插入"→"传统补间"命令，如图 6-4-12 所示。或者右击补间帧范围中的任意帧，然后从上下文菜单中选择"创建传统补间"，如图 6-4-13 所示。如果在步骤（2）中创建了一个图形对象，Flash 会自动将该对象转换为一个元件并将其命名为"补间 1"。

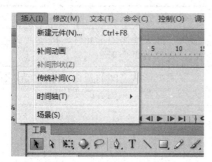

图 6-4-12　创建传统补间

图 6-4-13　创建传统补间

说明：

（1）如果在步骤（4）中修改了项目大小，在"属性"面板的"补间"部分中选择"缩放"以补间选定项目的大小。

（2）若要产生更逼真的动画效果，可对传统补间应用缓动。使用"属性"面板的"补间"部分中的"缓动"字段为所创建的每个传统补间指定缓动值。

● 若要慢慢地开始传统补间，并朝着动画的结束方向加速补间，可以输入一个介于-1 和-100 之间的负值。

● 若要快速地开始传统补间，并朝着动画的结束方向减速补间，可以输入一个介于 1 和 100 之间的正值。

● 若要在补间的帧范围中产生更复杂的速度变化效果，单击"缓动"字段旁边的"编辑"按钮以打开"自定义缓入/缓出"对话框。通过逐渐调整变化速率创建更为自然的加速或减速效果。

（3）若要在补间期间旋转选定项目，可以从"属性"面板的"旋转"菜单中进行修改。

● 要防止旋转，请选择"无"（默认设置）。

● 要在需要最少动作的方向上将对象旋转一次，请选择"自动"。

- 要按指示旋转对象，然后输入一个指定旋转次数的数值，请选择"顺时针"或"逆时针"。

（4）在"属性"面板中选择"调整到路径"，可以将补间元素的基线调整到运动路径。

（5）在"属性"面板中选择"同步"选项可以使图形元件实例的动画和主时间轴同步。

（6）选择"对齐"以通过补间元素的注册点将补间元素附加到运动路径可以使用运动路径。

补间形状动画和传统补间动画都属于补间动画。前后都各有一个起始帧和结束帧，二者之间的区别如表 6.3.1 所示。

表 6.3.1　传统补间与补间形状的区别

区别	传统补间	补间形状
在时间轴上的表现上	淡紫色背景加长箭头	淡绿色背景加长箭头
组成元素	影片剪辑、图形、元件、按钮	形状，如果使用图形元件、按钮、文字，则必先打散再变形
完成的作用	实现一个元件的大小、位置、颜色、透明等的变化	实现两个形状之间的变化，或一个形状的大小、位置、颜色等的变化

6.5　案例：万剑归一——补间动画

【案例目的】使用补间动画多个旋转、快速移动的飞剑插到靶标上。

【知识要点】主要通过绘图工具、变形工具、补间动画来完成整个动画效果。

【案例效果】多个旋转、快速移动的飞剑插到靶标上，效果如图 6-5-1 所示。

图 6-5-1　万剑归一动画效果

【操作步骤】

（1）新建一个 Flash 文档（ActionScript 3.0），设置舞台大小为 550×400 像素，背景色为

#ccffff，FPS 为 24，并修改图层的名称为"背景"。选择该图层，导入素材库中的"竹林"图片到舞台中。

（2）新建立 10 个图层，并更改新建立 10 个图层的名称自下而上为"靶标"、"飞剑"、"飞剑 1"、"飞剑 2"、"飞剑 3"、"飞剑 4"、"飞剑 5"、"飞剑 6"。选择"背景"图层，在该图层的第 30 帧按 F5 插入帧。

（3）选择"靶标"图层的第一帧，单击工具箱中的"椭圆工具"，设置"笔触颜色"为"红色"，笔触大小为 7，填充色为从白到黑色的径向渐变绘制一个椭圆，如图 6-5-2 所示。

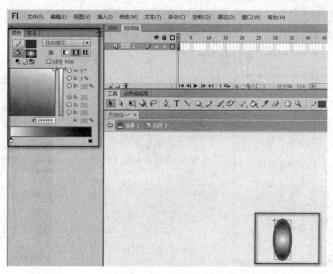

图 6-5-2　绘制靶标

（4）选择"靶标"图层，将靶标转换为"影片剪辑"元件并命名为"靶标"。把"靶标"原件摆放到场景的右上侧，并在该图层的第 30 帧插入关键帧，如图 6-5-3 所示。

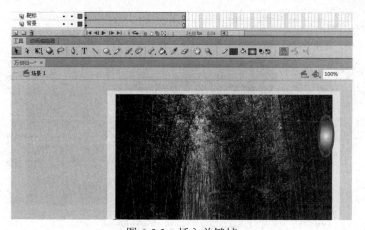

图 6-5-3　插入关键帧

（5）选择"飞剑"图层的第一帧，单击"矩形工具"，设置"笔触颜色"为"无"，填充色为从白到黄色的径向渐变绘制一个矩形。使用工具箱中的"添加锚点"工具在绘制的矩形上添加锚点，并使用"部分选择"工具调整图像，如图 6-5-4 所示。

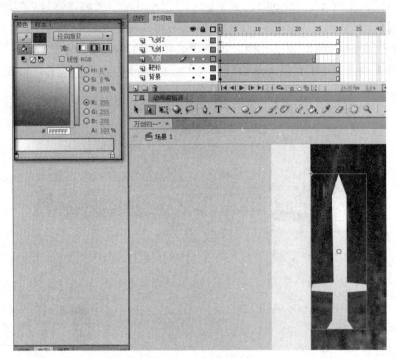

图 6-5-4　制作飞剑

（6）选择"飞剑"图层，选择场景中的飞剑将它转换为"影片剪辑"元件并命名为"飞剑"，把"飞剑"原件摆放到场景的左下侧，如图 6-5-5 所示。

图 6-5-5　摆放飞剑位置

（7）选择"飞剑"图层，并在应该图层的第1帧创建补间动画。调整飞剑"补间范围"末端的的位置如图6-5-6所示的位置。选中"补间范围"，按住Alt键分别拖动到其他"飞剑"图层，并调整其他"飞剑"图层中的"补间范围"的初始帧的位置如图6-5-7所示。注意不要调整其他"飞剑"图层中的"补间范围"的末端位置。

图6-5-6 飞剑最后位置

图6-5-7 其他飞剑的位置

（8）选择"飞剑1"图层，并在该图层的第7、11帧插入"位置"关键帧，并调整第7、11帧的飞剑位置如图6-5-8所示。在右侧的补间动画"属性"中修改"缓动"值为-30。

（9）使用相同的方法添加调整其他"飞剑"图层中的飞剑位置如图6-5-9所示。具体位置请参照源文件。

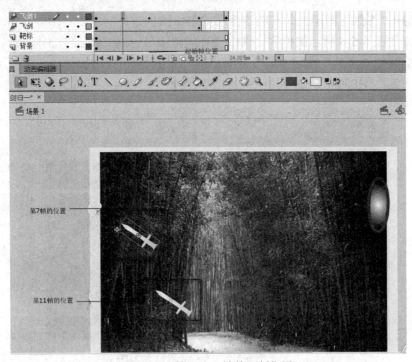

图 6-5-8　第 7、11 帧的飞剑位置

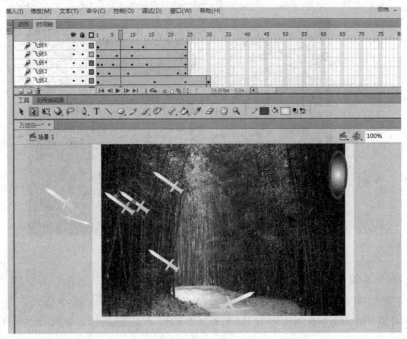

图 6-5-9　其他飞剑的位置

（10）选择"飞剑 2"图层，并选择该图层的第 25 帧的关键帧右击，在弹出的快捷菜单中单击"复制帧"命令，并在该图层的第 30 帧右击，在弹出的快捷菜单中单击"粘贴帧"这样可以制作飞剑击中靶标后停留的效果。

（11）按 Ctrl+Enter 键预览并测试动画效果，将文件保存为"万剑归一.fla"。

6.5.1　动画原理

补间动画是通过为一个帧中的对象属性指定一个值并为另一个帧中的该相同属性指定另一个值创建的动画。Flash 计算这两个帧之间该属性的值。

6.5.2　补间动画

1. 可补间的对象类型
- 影片剪辑
- 图形
- 按钮元件
- 文本字段

2. 可补间的对象的属性
- 2D X 和 Y 位置
- 3D Z 位置（仅限影片剪辑）
- 2D 旋转（绕 Z 轴）
- 3D X、Y 和 Z 旋转（仅限影片剪辑）
- 倾斜 X 和 Y
- 缩放 X 和 Y
- 颜色效果
- 滤镜属性（不包括应用于图形元件的滤镜）

补间范围在时间轴中显示为具有蓝色背景的单个图层中的一组帧，其舞台上的对象的一个或多个属性可以随着时间而改变。定义的每个属性都有它自己的属性关键帧。属性关键帧在时间轴上显示为实心菱形。

如果补间对象在补间过程中更改其舞台位置，则补间范围会产生一个与之关联的运动路径，此运动路径显示补间对象在舞台上移动时所经过的路径。这些路径可以使用部分选取、转换锚点、删除锚点和任意变形等工具以及"修改"菜单上的命令来修改。如果不是对位置进行补间，则舞台上不显示运动路径。

3. 创建补间动画的操作步骤

（1）在舞台上选择要补间的一个或多个对象。

（2）选择"插入"→"补间动画"命令。

（3）在时间轴中拖动补间范围的任一端，以按所需长度缩短或延长范围。

说明：

- 若要将动画添加到补间，可以将播放头放在补间范围内的某个帧上，然后将舞台上的对象拖到新位置。舞台上显示的运动路径显示从补间范围的第一帧中的位置到新位置的路径。
- 若要指定对象的其他位置，可以将播放头放在补间范围内的另一个帧中，然后将舞台上的对象拖到其他位置。运动路径将调整，以包括所指定的所有位置。
- 若要对 3D 旋转或位置进行补间，使用 3D 旋转或 3D 平移工具。请确保将播放头放置在要先添加 3D 属性关键帧的帧中。

4. 补间动画和传统补间之间的差异

- 传统补间使用关键帧，关键帧是其中显示对象的新实例的帧。补间动画只能具有一个与之关联的对象实例，并使用属性关键帧而不是关键帧。
- 补间动画在整个补间范围上由一个目标对象组成，而传统补间可以有多个元件。
- 补间动画和传统补间都只允许对特定类型的对象进行补间，若应用补间动画，则在创建补间时会将所有不允许的对象类型转换为影片剪辑，而应用传统补间会将这些对象类型转换为图形元件。
- 补间动画会将文本视为可补间的类型，而不会将文本对象转换为影片剪辑。传统补间会将文本对象转换为图形元件。
- 在补间动画范围上不允许帧脚本，传统补间允许帧脚本。
- 补间目标上的任何对象脚本都无法在补间动画范围的过程中更改，而传统补间则可以更改。
- 可以在时间轴中对补间动画范围进行拉伸和调整大小，并将它们视为单个对象。传统补间包括时间轴中可分别选择的帧的组。
- 若要在补间动画范围中选择单个帧，必须按住 Ctrl 键并单击帧，而传统补间则不需要。
- 对于传统补间，"缓动"可应用于补间内关键帧之间的帧组。对于补间动画，"缓动"可应用于补间动画范围的整个长度。若要仅对补间动画的特定帧应用"缓动"，则需要创建自定义缓动曲线。
- 利用传统补间，可以在两种不同的色彩效果（如色调和 Alpha 透明度）之间创建动画。补间动画可以对每个补间应用一种色彩效果。
- 只可以使用补间动画来为 3D 对象创建动画效果，无法使用传统补间为 3D 对象创建动画效果。
- 只有补间动画才能保存为动画预设，而传统补间不能保存为预设。
- 对于补间动画，无法交换元件或设置属性关键帧中显示的图形元件的帧数，而传统补间则可以灵活使用。

5. 创建补间动画应该注意的事项

● 补间应用于元件实例和文本字段，在将补间应用于所有其他对象类型时，这些对象将包装在元件中。元件实例可包含嵌套元件，这些元件可在自己的时间轴上进行补间。

● 补间图层中的最小构造块是补间范围，补间图层中的补间范围只能包含一个元件实例。元件实例称为补间范围的目标实例。将第二个元件添加到补间范围将会替换补间中的原始元件。

● 可以在舞台、属性面板或动画编辑器中编辑各属性关键帧。在创建许多类型的简单补间动画时，动画编辑器的使用是可以选择的。

● 在将补间添加到某一图层上的一个对象或一组对象时，Flash 会将该图层转换为补间图层，或创建一个新图层来保存图层上的对象的原始堆叠顺序。

6. 使用"属性"面板编辑补间的属性值

● 将播放头放在补间范围中要指定属性值的帧中，可以将播放头放在补间范围的任何其他帧中。补间以补间范围的第一帧中的属性值开始，第一帧始终是属性关键帧。

● 在舞台上选定了对象后，可设置非位置属性的值。使用"属性"面板或"工具"面板中的工具之一设置值。若要在补间范围中显示不同类型的属性关键帧，可以右击或按住 Ctrl 键单击补间范围，然后从右键快捷菜单中选择"查看关键帧"→"属性类型"命令。

● 拖拽时间轴中的播放头，在舞台上查看补间。若要添加其他属性关键帧，可将播放头移到范围中所需的帧，然后在"属性"面板中设置属性值。

7. 将其他补间添加到现有的补间图层的方法

可以执行下列操作之一：

● 在现有图层的空白处添加一个空白关键帧，将所要补间的的对象添加到该关键帧，然后补间一个或多个项。

● 在其他图层上创建补间，然后将范围拖到所需的图层上。

● 将静态帧从其他图层拖到补间图层，然后将补间添加到静态帧中的对象。

● 在补间图层上插入一个空白关键帧，然后通过从"库"窗格中拖动对象或从剪贴板粘贴对象，从而向空白关键帧中添加对象，随后即可将补间添加到此对象。

8. 编辑补间的运动路径的方法

可以执行下列操作之一：

● 在补间范围的任何帧中更改对象的位置。

● 将整个运动路径移到舞台上的其他位置。

● 使用选取、部分选取或任意变形工具更改路径的形状或大小。

● 使用"变形"面板或"属性"面板更改路径的形状或大小。

● 使用"修改"→"变形"菜单中的命令。

● 将自定义笔触作为运动路径进行应用。

● 使用动画编辑器。

9.　更改补间对象的位置

编辑运动路径最简单的方法是在补间范围的任何帧中移动补间的目标实例。如果帧尚未包含属性关键帧，则 Flash 将向其添加一个属性关键帧，操作步骤如下：

（1）将播放头放在要移动其中的目标实例的帧中。

（2）使用"选取"工具将目标实例拖到舞台上的新位置。运动路径将更新，以包括新位置。运动路径中的所有其他属性关键帧将保留在原来的位置中。

10.　选择补间范围的方法

选择补间范围和帧，请执行下列操作之一：

● 若要选择整个补间范围，请双击该范围。

● 若要选择多个补间范围（包括非连续范围），按住 Shift 键并单击每个范围。

● 若要选择补间范围内的单个帧，请单击该范围内的帧。

● 若要选择范围内的多个连续帧，请在按住 Ctrl 键的同时在范围内拖动。

● 若要选择不同图层上多个补间范围中的帧，按住 Ctrl 键并跨多个图层拖动。

11.　移动、复制或删除补间范围

● 若要将范围移到相同图层中的新位置，双击要移动的范围，然后拖动该范围。

● 若要将补间范围移到其他图层，将范围拖到该图层，或复制范围并将其粘贴到新图层。可将补间范围拖到现有的常规图层、补间图层、引导图层、遮罩图层或被遮罩图层上。如果新图层是常规空图层，它将成为补间图层。

● 若要直接复制某个范围，在按住 Alt 键的同时将该范围拖到时间轴中的新位置，或复制并粘贴该范围。

● 若要删除范围，选择该范围，然后从范围右键快捷菜单中选择"删除帧"或"清除帧"。

12.　编辑相邻的补间范围

● 若要移动两个连续补间范围之间的分隔线，拖动该分隔线，将重新计算每个补间。

● 若要分隔两个连续补间范围的相邻起始帧和结束帧，在按住 Alt 键的同时拖动第二个范围的起始帧。此操作将为两个范围之间的帧留出空间。

● 若要将某个补间范围分为两个单独的范围，请单击范围中的单个帧，然后在右键快捷菜单中选择"拆分动画"。

13.　编辑补间范围的长度

● 若要更改动画的长度，拖动补间范围的右边缘或左边缘。若将一个范围的边缘拖到另一个范围的帧中，将会替换第二个范围的帧。

● 若要将舞台上的补间对象扩展至超出其补间的任何一端，按住 Shift 键并拖动其补间范围任一端的帧。Flash 将帧添加到范围的末尾，而不会补间这些帧。也可以选择位于同一图层中的补间范围之后的某个帧，然后按 F6 键。Flash 扩展补间范围并向选定帧添加一个适用于所有属性的属性关键帧。如果按 F5 键，则 Flash 添加帧，但不会将属性关键帧添加到选定帧。

14. 添加或删除补间范围中的帧
- 若要从某个范围删除帧，在按住Ctrl键的同时拖动，以选择帧，然后从范围右键快捷菜单中选择"删除帧"。
- 若要从某个范围剪切帧，在按住Ctrl键的同时拖动，以选择帧，然后从范围右键快捷菜单中选择"剪切帧"。
- 若要将帧粘贴到现有的补间范围，在按住Ctrl键的同时拖动，以选择要替换的帧，然后从范围右键快捷菜单中选择"粘贴帧"。

15. 替换或删除补间的目标实例

若要替换补间范围的目标实例，执行下列操作之一：
- 选择范围，然后将新元件从"库"面板拖动到舞台上。
- 选择"库"面板中的新元件，以及舞台上的补间的目标实例，然后选择"修改"→"元件"→"交换元件"命令。
- 选择范围，并从剪贴板粘贴元件实例或文本。若要删除补间范围的目标实例而不删除补间，请选择该范围，然后按 Delete 键。

16. 查看和编辑补间范围的属性关键帧
- 若要查看包含某个范围中的属性关键帧的帧以了解不同属性，选择该范围，然后从范围右键快捷菜单中选择"查看关键帧"，并从子菜单中选择属性类型。
- 若要从范围中删除属性关键帧，按住 Ctrl 键并单击该属性关键帧以将其选中，右击选择"清除关键帧"。
- 若要向范围添加特定属性类型的属性关键帧，请按住 Ctrl 并单击以选择范围中的一个或多个帧。右击，然后从快捷菜单中选择"插入关键帧"→"属性类型"。Flash 将属性关键帧添加到选定的帧。也可以设置选定帧中的目标实例的属性，以添加属性关键帧。"
- 若要向范围添加所有属性类型的属性关键帧，将播放头放在要添加关键帧的帧中，然后选择"插入"→"时间轴"→"关键帧"，或者按 F6 键。
- 若要反转某个补间动画的方向，从范围右键快捷菜单中选择"运动路径"→"翻转路径"命令。
- 若要将某个补间范围更改为静态帧，选择该范围，然后从范围右键快捷菜单中选择"删除补间"。
- 若要将某个补间范围转换为逐帧动画，选择该范围，然后从范围右键快捷菜单中选择"转换为逐帧动画"。
- 若要将某个属性关键帧移动到同一补间范围或其他补间范围内的另一个帧，按住 Ctrl 键并单击该属性关键帧以将其选定，然后将它拖动到新位置。
- 若要将某个属性关键帧复制到补间范围内的另一个位置，按住 Ctrl 键并单击该属性关键帧以将其选定，然后在按住 Alt 键的同时将它拖动到新位置。

17. 复制和粘贴补间动画

可以将补间属性从一个补间范围复制到另一个补间范围。补间属性应用于新目标对象，但目标对象的位置不会发生变化。操作步骤如下：

（1）选择包含要复制的补间属性的补间范围。

（2）选择"编辑"→"时间轴"→"复制动画"命令。

（3）选择要接收所复制补间的补间范围。

（4）选择"编辑"→"时间轴"→"粘贴动画"命令。

18. 使用动画编辑器编辑属性曲线

（1）动画编辑器编辑属性曲线可操作的内容

通过"动画编辑器"面板，可以查看所有补间属性及其属性关键帧。它还提供了向补间添加精度和详细信息的工具。使用动画编辑器可以进行以下操作：

- 设置各属性关键帧的值。
- 添加或删除各个属性的属性关键帧。
- 将属性关键帧移动到补间内的其他帧。
- 将属性曲线从一个属性复制并粘贴到另一个属性。
- 翻转各属性的关键帧。
- 重置各属性或属性类别。
- 使用贝赛尔控件对大多数单个属性的补间曲线的形状进行微调。
- 添加或删除滤镜或色彩效果并调整其设置。
- 向各个属性和属性类别添加不同的预设缓动。
- 创建自定义缓动曲线。
- 将自定义缓动添加到各个补间属性和属性组中。

（2）控制动画编辑器显示

在动画编辑器中，可以控制显示哪些属性曲线以及每条属性曲线的显示大小。以大尺寸显示的属性曲线更易于编辑。

- 若要调整在动画编辑器中显示哪些属性，单击属性类别旁边的三角形以展开或折叠该类别。
- 若要控制动画编辑器中显示的补间的帧数，在动画编辑器底部的"可查看的帧"字段中输入要显示的帧数。最大帧数是选定补间范围内的总帧数。
- 若要切换某条属性曲线的展开视图与折叠视图，单击相应的属性名称，展开视图为编辑属性曲线提供更多的空间。使用动画编辑器底部的"图形大小"和"展开的图形大小"字段可以调整展开视图和折叠视图的大小。
- 若要在图形区域中启用或禁用工具提示，从面板选项菜单中选择"显示工具提示"。
- 若要向补间添加新的色彩效果或滤镜，单击属性类别行中的"添加"按钮并选择要添加的项，新项将会立即出现在动画编辑器中。

（3）编辑属性曲线的形状

通过动画编辑器，可以精确控制补间的每条属性曲线的形状（X、Y 和 Z 除外）。对于所有其他属性，可以使用标准贝塞尔控件编辑每个图形的曲线。使用这些控件与使用选取工具或钢笔工具编辑笔触的方式类似。向上移动曲线段或控制点可增加属性值，向下移动可减小值。

在动画编辑器中，基本运动属性 X、Y 和 Z 与其他属性不同。这三个属性联系在一起。如果补间范围中的某个帧是这三个属性之一的属性关键帧，则其必须是所有这三个属性的属性关键帧。此外，不能使用贝塞尔控件编辑 X、Y 和 Z 属性曲线上的控制点。

（4）使用属性关键帧

通过对每个图形添加、删除和编辑属性关键帧，可以编辑属性曲线的形状。

- 若要向属性曲线添加属性关键帧，将播放头放在所需的帧中，然后在动画编辑器中单击属性的"添加或删除关键帧"按钮。也可以右击属性曲线，然后选择"添加关键帧"命令。

- 若要从属性曲线中删除某个属性关键帧，按住 Ctrl 键并单击属性曲线中该属性关键帧的控制点。也可以右击控制点，然后选择"删除关键帧"命令。

- 若要在转角点模式与平滑点模式之间切换控制点，按住 Alt 键并单击控制点。当某一控制点处于平滑点模式时，其贝塞尔手柄将会显现并且属性曲线将作为平滑曲线经过该点。当控制点是转角点时，属性曲线在经过控制点时会形成拐角，不显现转角点的贝赛尔手柄。

- 若要将点设置为平滑点模式，也可以右键单击控制点，然后选择"平滑点"、"平滑右"或"平滑左"。若要将点设置为角点模式，请选择"角点"。

- 若要将属性关键帧移动到不同的帧，拖动其控制点。拖动属性关键帧时，不能使其经过其后面或前面的关键帧。

- 若要在浮动与非浮动之间切换空间属性 X、Y 和 Z 的属性关键帧，请在动画编辑器中右击，也可以在动画编辑器中通过将浮动关键帧拖到垂直帧分隔符来关闭单个属性关键帧的浮动。

- 若要链接关联的 X 和 Y 属性对，对要链接的属性之一单击"链接 X 和 Y 属性值"按钮。属性经过链接后，其值将受到约束，这样在为任一链接属性输入值时能保持它们之间的比率。关联的 X 和 Y 属性的示例包括投影滤镜的"缩放 X"和"缩放 Y"属性以及"模糊 X"和"模糊 Y"属性。

（5）使用缓动补间

缓动是用于修改 Flash 计算补间中属性关键帧之间的属性值的方法的一种技术。如果不使用缓动，Flash 在计算这些值时，会使对值的更改在每一帧中都一样。如果使用缓动，则可以调整对每个值的更改程度，从而实现更自然、更复杂的动画。

习题 6

一、填空题

1. Flash 中"帧"分为_____、_____、普通帧和_____四类。
2. _____用于引导被引导图层中图形对象依照引导路径进行移动。
3. _____外观，可以将关键帧上的内容同时显示出来。

二、简答题

1. Flash 基本动画有几种类型？分别有什么特点？
2. 在 Flash 中"传统补间"与"补间动画"的区别是什么？
3. 在 Flash 中共有几种特殊的图层？分别是什么？

三、操作题

综合使用基本动画制作时钟摆动动画，如图 1 所示。

图 1　钟摆效果图

7

特殊动画制作

学习目标

- 理解遮罩层的原理
- 理解引导层的原理
- 掌握遮罩动画的制作方法技巧
- 掌握引导层动画的制作方法技巧
- 掌握场景动画的制作方法技巧
- 掌握骨骼动画的制作方法技巧

重点难点

- 遮罩动画
- 引导层动画的制作
- 骨骼的编辑与制作
- 骨骼动画的制作与编辑

7.1 案例：汉字书写——遮罩动画

【案例目的】使用遮罩动画制作书写汉字动画。

【知识要点】主要通过文字工具、橡皮擦工具、动画编辑器、遮罩动画、逐帧动画来完成整个动画效果。

【案例效果】汉字"中国梦"的书写动画，效果如图 7-1-1 所示。

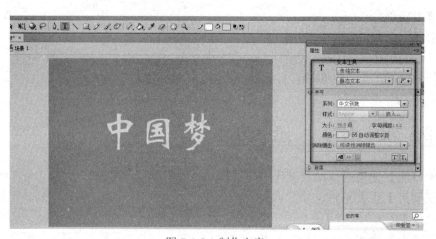

图 7-1-1　动画效果

【操作步骤】

（1）新建一个 Flash 文档（ActionScript 3.0），设置舞台大小为 550×400 像素，背景色为 #00ff00，FPS 为 2，并修改图层的名称为"背景"。

（2）选择"背景"图层，在该图层的第 1 帧按 F6 插入关键帧。使用工具箱中的文字工具制作汉字"中国梦"。系统：华文新魏，字体大小：96，字体颜色为"黄色"。调整字体的位置为 X：124，Y：124，如图 7-1-2 所示。

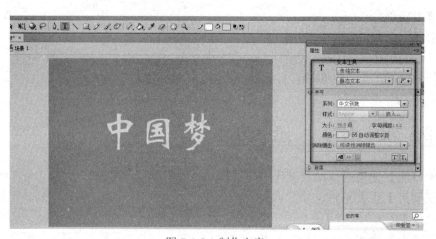

图 7-1-2　制作文字

（3）选择"背景"图层的第 1 帧，右击选择"复制关键帧"命令。

（4）新建立 1 个图层，并更改新建立两个图层的名称为"遮罩层"。选择"遮罩层"图层，在该图层的第 1 帧按 F6 插入关键帧。右击选择"粘贴帧"命令，并更改文字的颜色为黑色。

（5）选择"背景"图层的第 1 帧的文字，连续按两次 Ctrl+B 键打散文字。选择"背景"图层的 1～30 帧，右击，在弹出的菜单中选择"转换为关键帧"命令，将 1～30 帧转换为关键帧。

（6）选择"遮罩层"图层的第 1 帧的文字，连续按两次 Ctrl+B 键打散文字。选择"遮罩层"图层的 1～30 帧，右击，在弹出的菜单中选择"转换为关键帧"命令，将 1～30 帧转换为关键帧，如图 7-1-3 所示。

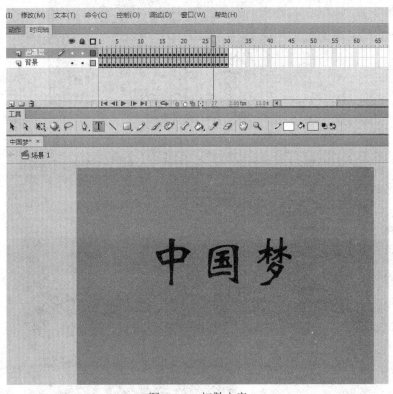

图 7-1-3　打散文字

（7）锁定"背景"图层，选择"遮罩层"图层的第 1 帧的文字，使用工具箱中的"橡皮擦"工具将场景中的文字擦除，如图 7-1-4 所示。

（8）使用相同的方法，将"遮罩层"图层的第 2 帧的文字擦除剩余，如图 7-1-5 所示。

（9）使用相同的方法，依次将"遮罩层"图层的第 3～23 帧的文字擦除剩余如源文件所示。

（10）选择"遮罩层"图层，右击在弹出的菜单中选择"遮罩层"命令。

图 7-1-4　文字擦除

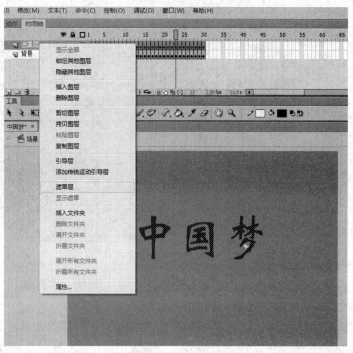

图 7-1-5　文字擦除剩余

（11）按 Ctrl+Enter 键预览并测试动画效果，将文件保存为"汉字书写.fla"。

7.1.1 动画原理

遮罩动画，具体是通过设置遮罩层及其关联图层中对象的位移、形变来产生一些特殊的动画效果。遮罩在 Flash 中有着广泛的应用，比如：水波、百叶窗、聚光灯、放大镜、望远镜等。遮罩层的实现需要通过两个以上的图层，建立遮罩与被遮罩的关系。

理解遮罩层的原理关键有两条：

- 遮罩层本身是不会被看见的。不管画出什么图形，简单或复杂，只要它被用作遮罩层，在播放时就不会显示出来。
- 遮罩层中的对象覆盖的部分，就是建立遮罩关系后显示的部分。另外，线条不可以被用来制作遮罩层，要应用线条，必须要将它转换为填充色。

7.1.2 遮罩动画

1. 遮罩动画的制作

具体操作步骤如下：

（1）选择或创建一个图层，其中包含出现在遮罩中的对象。

（2）在上一步的图层上创建一个新图层。遮罩层总是遮住其下方紧贴着它的图层，因此注意正确的位置创建遮罩层。

（3）在遮罩层上放置填充形状、文字或元件的实例。Flash 会忽略遮罩层中的位图、渐变、透明度、颜色和线条样式。在遮罩中的任何填充区域都是完全透明的，而任何非填充区域都是不透明的。

（4）右击时间轴中的遮罩层名称，然后选择"遮罩"命令，将出现一个遮罩层图标，表示该层为遮罩层。紧贴它下面的图层将链接到遮罩层，其内容会透过遮罩上的填充区域显示出来。被遮罩的图层的名称将以缩进形式显示，其图标将更改为一个被遮罩的图层的图标。

（5）若要在 Flash 中显示遮罩效果，需要锁定遮罩层和被遮住的图层。

2. 创建遮罩层后遮住其他的图层

执行下列操作之一：

- 将现有的图层直接拖到遮罩层下面。
- 在被遮罩层上插入新图层。
- 选择"修改"→"时间轴"→"图层属性"命令，然后单击"被遮罩"。

3. 断开图层和遮罩层的链接

选择要断开链接的图层，然后执行下列操作之一：

- 将图层拖到遮罩层的上面。
- 选择"修改"→"时间轴"→"图层属性"命令，然后单击"正常"。

4. 在遮罩层上编辑动画

操作步骤：

（1）选择遮罩层。

（2）在遮罩层中制作需要的动画。

（3）将该遮罩层锁定。

7.2　案例：蝴蝶飞舞——引导层动画

【案例目的】使用引导层动画制作蝴蝶飞舞。

【知识要点】主要通过钢笔工具、传统补间动画、引导层动画来完成整个动画效果。

【案例效果】多个蝴蝶在花丛中飞舞，效果如图 7-2-1 所示。

图 7-2-1　蝴蝶飞舞动画效果

【操作步骤】

（1）新建一个 Flash 文档（ActionScript 3.0），设置舞台大小为 550×400 像素，"背景色"为#00ff00，FPS 为 24，并修改图层的名称为"背景"。

（2）选择"背景图层"，执行"文件"→"导入到舞台"命令将第 7 章中素材库中的"春天的花"导入到舞台。

（3）新建立 1 个图层，并更改新建立两个图层的名称为"蝴蝶"。选择"蝴蝶"图层，在该图层的第 1 帧按 F6 键插入关键帧。使用导入命令将素材库中的"蝴蝶"图片导入到库中，并新建立一下文件夹，命名为"蝴蝶图片"。将导入的 4 张蝴蝶图片放到文件夹中，如图 7-2-2 所示。

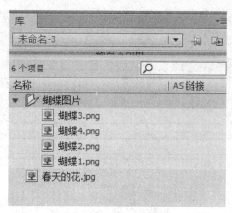

图 7-2-2　导入蝴蝶图片

（4）新建一个"影片剪辑"元件，并命名为"蝴蝶"，编辑元件，将 4 张"蝴蝶"图片导入到元件中，如图 7-2-3 所示。

图 7-2-3　导入到元件中

（5）选择"蝴蝶"图层的第 1 帧，将库中的蝴蝶元件拖动到舞台上，并调整大小，在该图层的第 100 帧插入关键帧。选中"蝴蝶"图层，创建"引导层：蝴蝶"，如图 7-2-4 所示。

（6）选择"引导层：蝴蝶"的第 1 帧，使用钢笔工具绘制曲线，并在该图层的第 100 帧插入关键帧，如图 7-2-5 所示。

图 7-2-4　创建"引导层：蝴蝶"

图 7-2-5　插入关键帧

（7）选择"蝴蝶"图层的第 1 帧，创建"传统补间动画"。分别调整第 1 帧和 100 帧蝴蝶的位置，将它的中心点吸到路径的起点和终点上，如图 7-2-6 所示。

图 7-2-6　吸到路径的起点和终点

（8）选择"蝴蝶"图层上和传统补间动画，修改传统补间动画属性如图 7-2-7 所示。

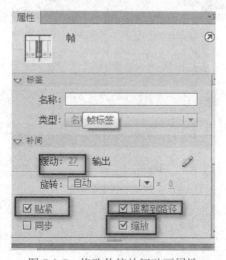

图 7-2-7　修改传统补间动画属性

（9）新建 1 个图层，并更改新建两个图层的名称为"蝴蝶 1"。选择"蝴蝶 1"图层，在该图层的第 1 帧按 F6 键插入关键帧。将元件"蝴蝶"拖动到舞台中，并在该图层的第 100 帧插入关键帧，将该图层拖动到引导层下。

（10）选择"蝴蝶 1"图层的第 1 帧，创建"传统补间动画"。分别调整第 1 帧和 100 帧蝴蝶的位置，将它的中心点吸到路径的起点和终点上，如图 7-2-8 所示。

图 7-2-8　吸到路径的起点和终点

（11）选择"蝴蝶 1"图层上和传统补间动画，修改传统补间动画属性如图 7-2-9 所示。

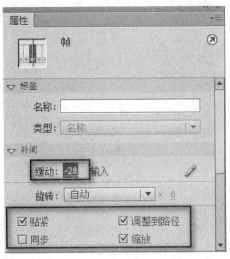

图 7-2-9　修改传统补间动画属性

（12）按 Ctrl+Enter 键预览并测试动画效果，将文件保存为"蝴蝶飞舞.fla"。

7.2.1　动画原理

"引导层"动画是指通过创建引导层并在引导层中绘制路径，可以使对象沿着指定的路径运动的动画。

7.2.2　引导层动画

1.　引导层动画的制作

操作步骤如下：

（1）新建图层，创建运动动画。

（2）在该图层上右击，选择"添加传统运动引导层"。

（3）在引导层上绘制引导路径。

（4）单击工具箱中的"贴紧至对象"工具按钮。

（5）选择运动动画图层，将运动动画前一个关键帧上的对象拖至引导路径的起点。注意：此时对象上会出现一个小圆圈，要把这个小圆圈放到引导路径的起点。

（6）选择运动动画的后一个关键帧，将该关键帧上的对象放到引导路径的终点。

2.　注意事项

- 引导路径不能出现中断的现象，应是一条流畅的、从头到尾连续贯穿的线条。
- 为了避免 Flash 无法准确判定对象的运动路径，因此引导路径的转折不宜过多，且折线处的线条弯转不宜过急。
- 引导路径允许重叠，比如螺旋状引导路径，但在重叠处的线段必需保持圆润，让 Flash 能辨认出线段走向，否则会使引导失败。
- 在引导层中画引导路径时，引导路径不能闭合。
- "被引导层"中的对象在被引导运动时，还可作更细致的设置，比如运动方向，把"属性"面板上的"路径调整"前打上勾，对象的基线就会调整到运动路径。

7.3　案例：调皮的多边形—场景动画

【案例目的】使用场景动画制作多边形运动的动画。

【知识要点】主要通过钢笔工具、传统补间动画、场景动画来完成整个动画效果。

【案例效果】多个多边形轮流出现并运动的效果，效果如图 7-3-1 所示。

【操作步骤】

（1）新建一个 Flash 文档（ActionScript 3.0），设置舞台大小为 550×400 像素，背景色为绿色，FPS 为 24，并修改图层的名称为"背景"。

（2）在当前场景中绘制一个矩形，并使用文字工具在矩形上面写上"矩形"文字。选中矩形与文字将两个都转换为图形元件。在该图层的第 75 帧插入关键帧，制作传统补间动画，并调整相关参数如图 7-3-2 所示。

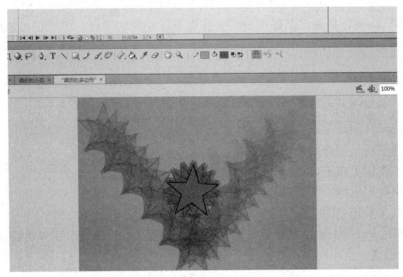

图 7-3-1　调皮的多边形

图 7-3-2　调整参数

（3）按 Shift+F2 键打开"场景面板"，单击"场景面板"左下角的"新建场景"命令新建几个场景，并分别命名为"矩形"、"圆形"、"多边形"、"星形"，如图 7-3-3 所示。

（4）选择"圆形"场景，在该场景中绘制一个圆形，并转换为图形元件。在该图层的第30 帧、60 帧插入关键帧，并分别在第 1 帧、第 30 帧制作传统补间动画。在第 30 帧调整元件到如图 7-3-4 所示的位置。分别在第 1 帧和第 30 帧调整"缓动"为 90 和-90 来模拟自由落体运动。

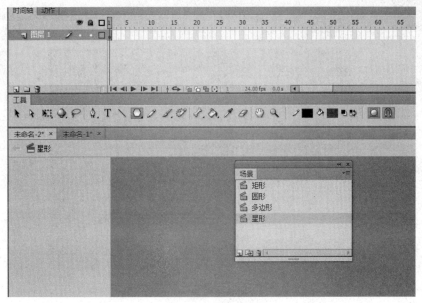

图 7-3-3　新建场景

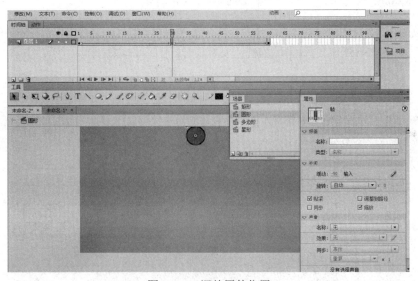

图 7-3-4　调整原件位置

（5）选择"多边形"场景，在该场景中绘制一下十二边形，并使用文字工具制作"多边形"文字。框选多边形与文字将它们转换为图形元件。将图形元件放到场景的左上侧，在 20、40、60、80 帧处插入关键帧。分别移动 20 帧图形元件位于场景的左下侧，移动 40 帧的图形元件位于场景的右下侧，移动 60 帧中的图形元件位于场景的右上侧，移动 80 场景中图形元件位于场景的右上侧，如图 7-3-5 所示。

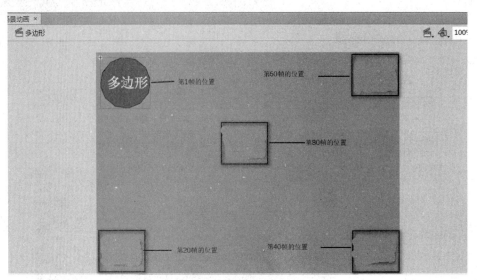

图 7-3-5　调整原件位置

（6）在"多边形"场景的时间轴中的 1 帧、20 帧、40 帧、60 帧创建传统补间动画，并设置各传统补间动画的旋转为"顺时针"，如图 7-3-6 所示。

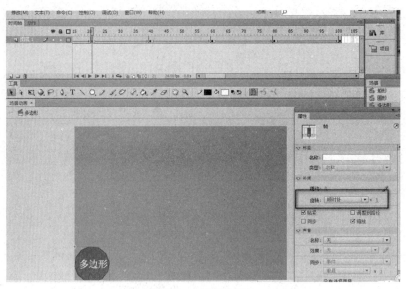

图 7-3-6　设置属性

（7）在"多边形"场景的时间轴中的 100 帧插入关键帧，并在 80 帧创建传统补间动画。调整传统补间动画参数为"逆时针"，旋转周数为：49。

（8）选择"星形"场景，在该场景中绘制一个五角星，并将五角星转换为元件。在场景图层中的 20 帧、40 帧、60 帧、90 帧插入关键帧，分别调整第 1 帧、20 帧、40 帧、60 帧、90

帧的位置参照源文件所示，并分别在第 1 帧、20 帧、40 帧、60 帧创建补间动画。将第 1 帧的补间动画参数改为"顺时针"旋转次数：1，将第 20 帧的补间动画参数改为"逆时针"旋转次数：1，将第 40 帧的补间动画参数改为"顺时针"旋转次数：1，将第 60 帧的补间动画参数改为"顺时针"旋转次数：58。

（9）单击 20 帧场景中的"星形"，修改属性如图 7-3-7 所示。

图 7-3-7　修改属性

（10）单击 40 帧场景中的"星形"，修改属性如图 7-3-8 所示。

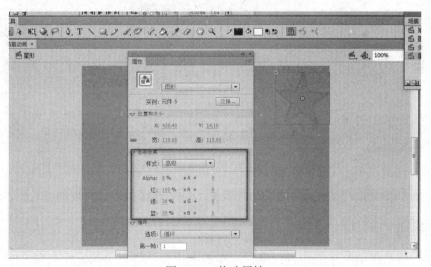

图 7-3-8　修改属性

（11）单击 60 帧场景中的"星形"，修改属性如图 7-3-9 所示。

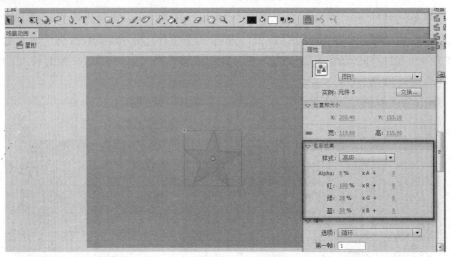

图 7-3-9　修改属性

（12）单击 90 帧场景中的"星形"，修改属性如图 7-3-10 所示。

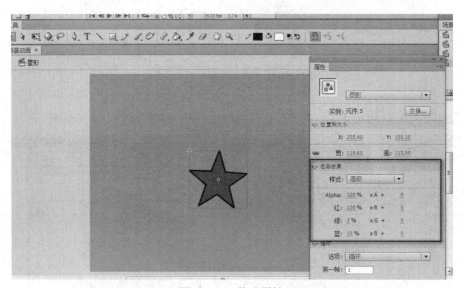

图 7-3-10　修改属性

（13）按 Ctrl+Enter 键预览并测试动画效果，将文件保存为"调皮的多边形.fla"。

7.3.1　动画原理

　　场景动画就是在动制作制作过程中，制作多个场景，每一个场景都有自己的时间轴和对象。当动画播放的时候这些场景按一定顺序动态播放就是场景动画。场景动画默认是按照场景管理器中的顺序播放，当然也可以使用代码来改变它们的顺序。

7.3.2 场景动画

场景动画需要多个场景才能完成动画，在制作时需要精心设计每一个单一的场景。具体操作步骤如下：

（1）新建一个场景并命名，在这个场景上利用多种动画制作方法制作动画，类似于电影中的一个镜头。

（2）再建立一个场景并命名，用同样的方法制作一个镜头的动画内容。

（3）重复（2）的操作建立多个场景。

（4）根据剧本需要调整场景播放顺序。

7.4 案例：调皮的小孩——骨骼动画

【案例目的】使用骨骼动画的制作一个运动的小孩。

【知识要点】主要通过钢笔工具、骨骼工具、骨骼层动画来完成整个动画效果。

【案例效果】一个小孩蹦、飞舞的动画，效果如图 7-4-1 所示。

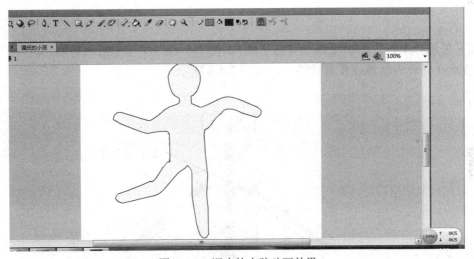

图 7-4-1 调皮的小孩动画效果

【操作步骤】

（1）新建一个 Flash 文档（ActionScript 3.0），设置舞台大小为 550×400 像素，背景色为背景色为绿色，FPS 为 24，并修改图层的名称为"背景"。

（2）使用工具箱中的"铅笔工具"绘制一个小孩，在绘制的时候要求绘制点分布均匀，并且人体两侧点基本对称，这样可以使用插入骨骼后的变形规范。使用填充工具将"小孩"填充为浅黄色，如图 7-4-2 所示。

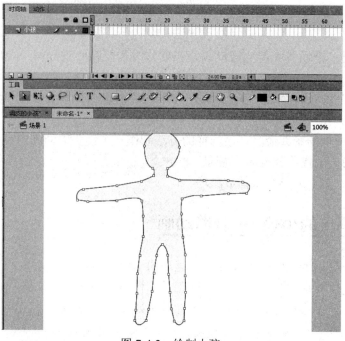

图 7-4-2　绘制小孩

　　（3）使用"工具"面板上的"骨骼工具"，在"小孩"图形中插入骨骼，根骨骼在胸口位置，要求在四肢与躯体处要有骨骼点，如图 7-4-3 所示。

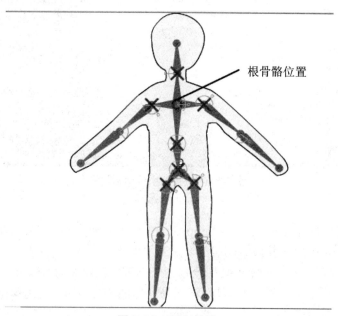

根骨骼位置

图 7-4-3　插入骨骼

（4）选中根骨骼上的骨骼命名为"neck"，头部的骨骼命名为"head"选择其他的骨骼分别命名，如图 7-4-4 所示。

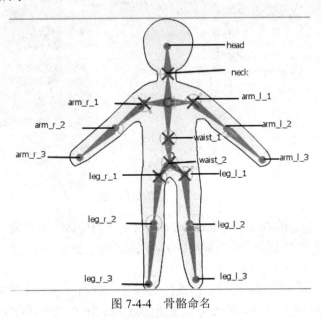

图 7-4-4　骨骼命名

（5）选择 neck、arm_r_1、arm_l_1、waist_1、waist_2、leg_r_1、leg_l_1 骨骼，并将上述骨骼位置固定，如图 7-4-5 所示。

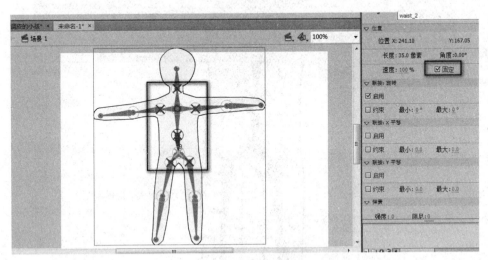

图 7-4-5　固定骨骼

（6）选择 neck 骨骼将它的旋转约束启用，并将旋转范围约束在-45～45 之间，如图 7-4-6 所示。

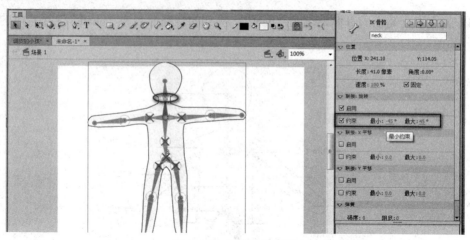

图 7-4-6　设定约束范围

　　（7）使用步骤（6）的方法设定 arm_l_2、arm_r_2 的旋转约束为最小：-90，最大：90。设定 arm_l_3、arm_r_3 的旋转约束为最小：0，最大：90。设定 leg_l_2、leg_r_2 的旋转约束为最小：-60，最大：90。

　　（8）在工具箱中选择"绑定工具"，然后选择各个骨骼，使各个骨骼只影响骨骼附近的点。选择骨骼，按 Ctrl 键选择点可以去掉有影响的点。按 Shift 键选择点可以增加有影响的点，如图 7-4-7 所示。

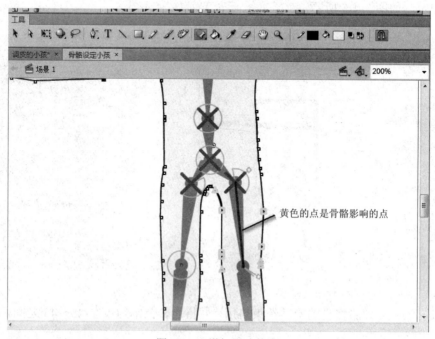

图 7-4-7　增加影响的点

（9）选择"骨架图层"的第一帧，将小孩的姿势调整到如图 7-4-8 所示。选中场景中的小孩图形，并在"骨架图层"的第 25 帧位置选择"插入姿势"添加关键帧，并调整姿势如图 7-4-9 所示。

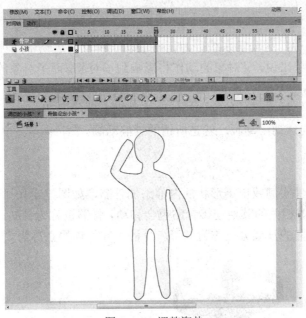

图 7-4-8　调整姿势

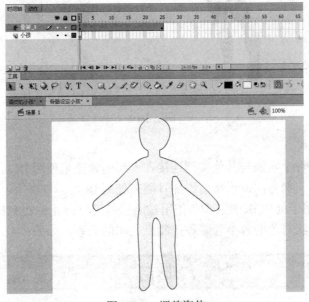

图 7-4-9　调整姿势

7

Chapter

（10）使用步骤（9）中的方法在后续帧中插入"姿势"，并调整姿势，具体效果请参照源文件"调皮的小孩.fla"。

（11）按 Ctrl+Enter 键预览并测试动画效果，将文件保存为"调皮的小孩.fla"。

7.4.1　动画原理

在动画设计软件中，运动学系统分为正向运动学和反向运动学两种。正向运动学指的是对于有层级关系的对象来说，父对象的动作将影响到子对象，而子对象的动作将不会对父对象造成任何影响。

反向运动是通过一种连接各种物体的辅助工具来实现的运动，这种工具就是 IK 骨骼。使用 IK 骨骼制作的反向运动学动画，就是所谓的骨骼动画。

7.4.2　骨骼动画

可以向单独的元件实例或单个形状的内部添加骨骼，如图 7-4-10 所示。在一个骨骼移动时，与启动运动的骨骼相关的其他连接骨骼也会移动。骨骼链称为骨架，骨架可以是线性的或分支的。源于同一骨骼的骨架分支称为同级。骨骼之间的连接点称为关节。

添加 IK 骨架的形状　　　　　　　附加 IK 骨架元件组

图 7-4-10

1. IK 的使用方式

● 通过添加将每个实例与其他实例连接在一起的骨骼来使用 IK。

● 通过向元件实例内部或形状内添加骨骼来使用 IK。

Flash 包括两个用于处理 IK 的工具。使用骨骼工具可以向元件实例和形状添加骨骼，使用绑定工具可以调整形状对象的各个骨骼和控制点之间的关系，如图 7-4-11 所示。

图 7-4-11　骨骼工具

2. 向元件实例添加骨骼的方法

可以向影片剪辑、图形和按钮实例添加 IK 骨骼。若要使用文本，首先要将其转换为元件，也可以将文本拆分为单独的形状，并对各形状使用骨骼。向元件实例添加骨骼时，会创建一个链接实例链。创建步骤如下：

（1）在舞台上创建元件实例。

（2）从"工具"面板中选择骨骼工具，也可以按 X 键选择骨骼工具。

（3）使用骨骼工具，单击要成为骨架的根部或头部的元件实例，然后拖动到单独的元件实例，将其链接到根实例，如图 7-4-12 所示。从一个实例拖动到另一个实例以创建骨骼时，单击要将骨骼附加到实例的特定点上的第一个实例，经过要附加骨骼的第二个实例的特定点释放鼠标，骨架中的第一个骨骼是根骨骼。

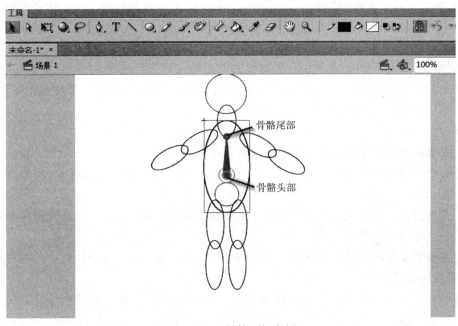

图 7-4-12　链接到根实例

说明：

● 若要添加其他骨骼，请从第一个骨骼的尾部拖动到要添加到骨架的下一个元件实例。指针在经过现有骨骼的头部或尾部时会发生改变。为便于将新骨骼的尾部拖到所需的特定位置，启用"贴紧至对象"（"视图"→"贴紧"→"贴紧至对象"）。在您向实例添加骨骼时，Flash 将每个实例移动到时间轴中的新图层。新图层称为姿势图层。每个姿势图层只能包含一个骨架。

● 若要创建分支骨架，请单击希望分支开始的现有骨骼的头部，然后进行拖动以创建新分支的第一个骨骼。

3. 向形状对象添加骨骼方法

使用 IK 骨架的第二种方式是使用形状对象。对于形状，可以向单个形状的内部添加多个骨骼，还可以向在"对象绘制"模式下创建的形状添加骨骼。

向单个形状或一组形状添加骨骼。添加第一个骨骼之前必须选择所有形状。在将骨骼添加到所选内容后，Flash 将所有的形状和骨骼转换为 IK 形状对象，并将该对象移动到新的姿势图层。注意，在将某个形状转换为 IK 形状后，它无法再与 IK 形状外的其他形状合并。创建步骤如下：

（1）在舞台上创建填充的形状。形状可以包含多个颜色和笔触。

（2）在舞台上选择整个形状。如果形状包含多个颜色区域或笔触，请确保选择整个形状。围绕形状拖出一个矩形选择区域可确保选择整个形状。

（3）在"工具"面板中选择骨骼工具，也可以按 X 键选择骨骼工具。使用骨骼工具，在形状内单击并拖动到形状内的其他位置。在拖动时，将显示骨骼。释放鼠标后，在单击的点和释放鼠标的点之间将显示一个实心骨骼。添加第一个骨骼时，在形状内希望骨架根部所在的位置中单击。添加第一个骨骼时，Flash 将形状转换为 IK 形状对象，并将其移动到时间轴中的新图层，新图层称为姿势图层，与给定骨架关联的所有骨骼和 IK 形状对象都驻留在姿势图层中。每个姿势图层只能包含一个骨架。

说明：

- 若要添加其他骨骼，请从第一个骨骼的尾部拖动到形状内的其他位置。指针在经过现有骨骼的头部或尾部时会发生改变。按照要创建的父子关系的顺序，将形状的各区域与骨骼链接在一起。
- 若要创建分支骨架，请单击希望分支开始的现有骨骼的头部，然后进行拖动以创建新分支的第一个骨骼。
- 若要移动骨架，请使用选取工具选择 IK 形状对象，然后拖动任何骨骼以移动它们。

4. 骨骼的编辑方法

创建骨骼后，可以使用多种方法编辑它们。比如，可以重新定位骨骼及其关联的对象、在对象内移动骨骼、更改骨骼的长度、删除骨骼以及编辑包含骨骼的对象等。但是，只能在第一个帧中仅包含初始姿势的姿势图层中编辑 IK 骨架。在姿势图层的后续帧中重新定位骨架后，就无法再对骨架结构进行更改。若要编辑骨架，就需要从时间轴中删除位于骨架的第一个帧之后的任何附加姿势。

- 若要选择单个骨骼，可以使用选取工具单击该骨骼，属性检查器中将显示骨骼属性，也可以通过按住 Shift 键并单击来选择多个骨骼。
- 若要将所选内容移动到相邻骨骼，需要在属性检查器中单击"父级"、"子级"下一个/上一个同级"按钮。
- 若要选择骨架中的所有骨骼，双击某个骨骼，属性检查器中将显示所有骨骼的属性。
- 若要选择整个骨架并显示骨架的属性及其姿势图层，单击姿势图层中包含骨架的帧就可以。

- 若要选择 IK 形状，单击该形状，属性检查器中将显示 IK 形状属性。
- 若要选择连接到骨骼的元件实例，单击该实例，属性检查器中将显示实例属性。
- 若要重新定位线性骨架，要拖动骨架中的任何骨骼。如果骨架已连接到元件实例，则还可以拖动实例。
- 若要重新定位骨架的某个分支，拖动该分支中的任何骨骼，该分支中的所有骨骼都将移动，骨架的其他分支中的骨骼不会移动。
- 若要将某个骨骼与其子级骨骼一起旋转而不移动父级骨骼，则按住 Shift 键并拖动该骨骼。
- 若要将某个 IK 形状移动到舞台上的新位置，可以在属性检查器中选择该形状并更改其 X 和 Y 属性。
- 若要删除单个骨骼及其所有子级，单击该骨骼并按 Delete 键，也可以通过按住 Shift 键单击每个骨骼选择要删除的多个骨骼。
- 若要从某个 IK 形状或元件骨架中删除所有骨骼，需要选择该形状或该骨架中的任何元件实例，然后选择“修改”→“分离”命令，IK 形状将还原为正常形状。
- 若要移动 IK 形状内骨骼任一端的位置，可以使用部分选取工具拖动骨骼的一端。
- 若要移动元件实例内骨骼连接、头部或尾部的位置，使用“任意变形”工具移动实例的变形点，骨骼将随变形点移动，如图 7-4-13 所示。

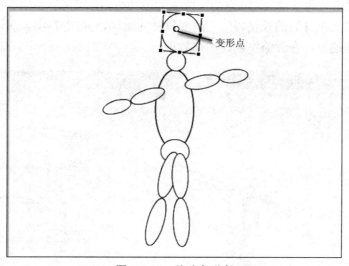

图 7-4-13　移动变形点

- 若要移动单个元件实例而不移动任何其他链接的实例，按住 Alt 键并拖动该实例，或者使用任意变形工具拖动它，连接到实例的骨骼将变长或变短，以适应实例的新位置。
- 若要移动骨骼的位置而不更改 IK 形状，可以拖动骨骼的端点。

- 若要显示 IK 形状边界的控制点，就单击形状的笔触。
- 若要移动控制点，拖动该控制点。
- 若要添加新的控制点，单击笔触上没有任何控制点的部分，也可以使用"工具"面板中的添加锚点工具。
- 若要删除现有的控制点，通过单击来选择它，然后按 Delete 键。
- 若要加亮显示已连接到骨骼的控制点，使用绑定工具单击该骨骼后已连接的点以黄色加亮显示，而选定的骨骼以红色加亮显示。仅连接到一个骨骼的控制点显示为方形，连接到多个骨骼的控制点显示为三角形。
- 若要向选定的骨骼添加控制点，就按 Shift 键单击未加亮显示的控制点，也可以通过按住 Shift 键拖动来选择要添加到选定骨骼的多个控制点。
- 若要从骨骼中删除控制点，按住 Ctrl 键单击以黄色加亮显示的控制点，也可以通过按住 Ctrl 键拖动来删除选定骨骼中的多个控制点。
- 若要加亮显示已连接到控制点的骨骼，使用绑定工具然后单击该控制点，已连接的骨骼以黄色加亮显示，而选定的控制点以红色加亮显示。
- 若要向选定的控制点添加其他骨骼，按住 Shift 键单击骨骼。
- 若要从选定的控制点中删除骨骼，按住 Ctrl 键单击以黄色加亮显示的骨骼。

5. 骨骼属性的修改

- 可以启用、禁用和约束骨骼的旋转及其沿 x 或 y 轴的运动。默认情况下，启用骨骼旋转，而禁用 x 和 y 轴运动。启用 x 或 y 轴运动时，骨骼可以不限度数地沿 x 或 y 轴移动，而且父级骨骼的长度将随之改变以适应运动，如图 7-4-14 所示，也可以限制骨骼的运动速度，在骨骼中创建粗细效果。

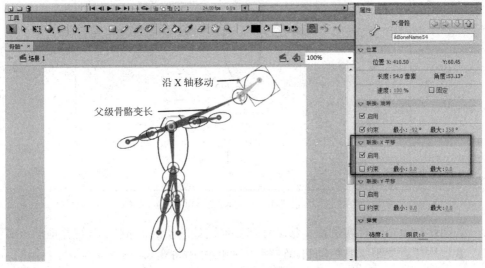

图 7-4-14 限制骨骼

- 若要使选定的骨骼可以沿 x 或 y 轴移动并更改其父级骨骼的长度,可以在属性检查器的"连接: X 平移"或"连接:Y 平移"部分中选择"启用"。
- 若要限制沿 x 或 y 轴启用的运动量,可以在属性检查器的"连接: X 平移"或"连接:Y 平移"部分中选择"约束",然后输入骨骼可以行进的最小距离和最大距离。
- 若要禁用选定骨骼绕连接的旋转,可以在属性检查器的"连接:旋转"部分中取消选中"启用"复选框,默认情况下会选中此复选框。
- 若要约束骨骼的旋转,请在属性检查器的"连接:旋转"部分中输入旋转的最小度数和最大度数,旋转度数相对于父级骨骼。在骨骼连接的顶部将显示一个指示旋转自由度的弧形。
- 若要使选定的骨骼相对于其父级骨骼是固定的,需要禁用旋转以及 x 和 y 轴平移。骨骼将变得不能弯曲,并跟随其父级的运动。
- 若要限制选定骨骼的运动速度,在属性检查器的"速度"字段中输入一个值。最大值 100%表示对速度没有限制。
- 要启用弹簧属性,可以选择一个或多个骨骼,并在属性检查器的"弹簧"部分设置"强度"值和"阻尼"值。强度越高,弹簧就变得越坚硬;阻尼值越高,动画结束得越快。

6. 对骨架进行动画处理

对 IK 骨架进行动画处理的方式与 Flash 中的其他对象不同。对于骨架,只需向姿势图层添加帧并在舞台上重新定位骨架即可创建关键帧。

在时间轴中对骨架进行动画处理步骤:

(1)在时间轴中,向骨架的姿势图层添加帧,以便为要创建的动画留出空间。右击然后选择"插入帧"命令,可以添加帧。

(2)在单独的帧中添加其他姿势,以完成用户满意的动画。

(3)如果要在时间轴中更改动画的长度,将姿势图层的最后一个帧向右或向左拖动,以添加或删除帧。

7. 将 IK 骨架包含在影片剪辑或图形元件中

在时间轴上将 IK 骨架包含在影片剪辑或图形元件中的处理步骤:

(1)选择 IK 骨架及其所有的关联对象,对于 IK 形状,只需单击该形状即可。对于链接的元件实例集,可以在时间轴中单击姿势图层,或者围绕舞台上所有的链接元件拖动一个选取框。

(2)右击或按住 Ctrl 键单击所选内容,然后从上下文菜单中选择"转换为元件"。

(3)在"转换为元件"对话框中输入元件的名称,然后从"类型"菜单中选择"影片剪辑"或"图形"后单击"确定"按钮。Flash 将创建一个元件,该元件自己的时间轴包含骨架的姿势图层。

8. 向姿势图层中的帧添加缓动

使用姿势向 IK 骨架添加动画时,可以调整帧中围绕每个姿势的动画的速度。通过调整速度,可以创建更为逼真的运动。控制姿势帧附近运动的加速度称为缓动,向姿势图层中的帧添加缓动的方法步骤：

（1）单击姿势图层中两个姿势帧之间的帧。

（2）在属性检查器中，从"缓动"菜单中选择缓动类型。

习题 7

一、填空题

1. _____动画可以制作水波、百叶窗、聚光灯、放大镜、望远镜等动画效果。

2. 运动引导层可分为_____和_____。

3. 运动学系统分为_____和_____两种。

二、简答题

1. Flash 特殊动画有几种类型？分别有什么特点？

2. 简述如何制作引导层动画。

3. 简述如何制作骨骼动画。

三、操作题

1. 使用特殊动画制作自己姓名自上而下逐渐出现动画效果，如图 1 所示。

图 1　姓名逐渐出现动画效果

8

ActionScript 3.0 入门

学习目标

- 了解 ActionScript 的发展
- 理解"动作"面板的使用
- 掌握代码添加的位置
- 掌握 ActionScript 3.0 的语法及基本语法规则
- 掌握常量、变量、函数的声明与使用
- 掌握常用控制语句
- 掌握 ActionScript 3.0 中的事件处理

重点难点

- "动作"面板
- 代码添加的位置
- ActionScript 3.0 的语法及基本语法规则
- 常量、变量、函数的声明与使用
- 常用控制语句
- ActionScript 3.0 中的事件处理

8.1 ActionScript 概述

8.1.1 什么是 ActionScript

ActionScript（简称 AS）就是动作脚本的意思，ActionScript 是 Flash 中内建的一种脚本编程语言，它是由 Flash 播放器中的 ActionScript 虚拟机来执行的，动作脚本的应用使 Flash 具有了强大的交互功能，它很大程度上丰富了动画的功能，并且简化了动画的制作流程。

掌握了 ActionScript，用户不仅能够制作出普通的观赏性的动画，还能够利用鼠标或键盘控制动画；不仅可以控制动画的播放或停止、音乐的打开或关闭、链接到指定的网页或文件等，还可以创建交互式网页，让用户填写表单、反馈用户信息，或者玩精彩互动游戏等。只要用户有创意，动作脚本的发挥空间是无限大的。

8.1.2 ActionScript 的发展历史

Macromedia 公司最早在 Flash 3 中加入了一套早期的 ActionScript 版本，这时候的代码和 Basic 语言很相似，用于完成一些简单的交互动作，功能很简单，语法冗长，执行效率也不好，且不容易掌握。到 Flash 4 时，ActionScript 的性能有了明显的提高，但是这时候的代码还是和 Basic 语言相似。

从 Flash 5 开始，ActionScript 已经发展成一种成熟的脚本语言，与 JavaScript 很相像，它提供了诸如函数、对象、完善的控制流语句以及多种数据类型，这样 ActionScript 编制的程序功能更加强大而且编制的代码更方便阅读和管理，也使得 ActionScript 更容易学习和使用，所以越来越多的人投身于 Flash 程序开发中。到了 Flash MX，ActionScript 的功能得到了进一步地扩展。在 Flash 5 和 Flash MX 中的 ActionScript 通常被称为 ActionScript 1.0。

在推出 Flash MX 2004 时，引入了 ActionScript 2.0。在 Flash MX 2004 和 Flash MX Professional 2004 中支持 ActionScript 2.0 的 Unicode 文本编码。这意味着可以在动作脚本文件中包含不同语言的文本，也就是说可以采用中文等双字节字符给程序中的变量、实例命名，提供了功能更强大的应用程序编程接口（Application Programming Interface，API）。相对于 ActionScript 1.0，ActionScript 2.0 中增加了如 Class、Extends、Interface 等 OOP 语言中的关键字，并提供了严格的类的定义方式，这样在 ActionScript 2.0 中从语法上更标准、更严格地实现 OOP（Object-Orient Programming，OOP）。使得学习 ActionScript 2.0 变得更容易。在 Flash 8 中，针对它的创作环境对 ActionScript 做了相关改进，还给 ActionScript 添加了一些关键字、对象、方法和其他语言元素。另外，在"动作"面板上新增了助手模式，使用户能在不太了解 ActionScript 的情况下也能创建脚本。虽然 ActionScript 2.0 的形式有了很大的进步，但在性能上它和 ActionScript 1.0 没有本质的区别。

2005 年 12 月 Adobe 公司收购了 Macromedia 公司，在 2007 年 Flash 9 正式发布并更名为 Adobe Flash CS3。Flash CS3 的创作环境有一些相关的改进，引入了最新且最具创新的 ActionScript 版本，即 ActionScript 3.0。虽然 ActionScript 3.0 包含 ActionScript 编程人员所熟悉的许多类和功能，但 ActionScript 3.0 在架构和概念上是区别于早期的 ActionScript 版本的。ActionScript 3.0 中的改进部分包括新增的核心语言功能、增强的灵活性及更加直观和结构化的开发，其中一个最主要的特性就是能够让用户在时间线动画与代码中进行转换，将它们放到 ActionScript 中，再转换出来，这样可以使设计者和开发者的工作结合在一起。并且，由于

ActionScript 3.0 使用了新的虚拟机 AVM2 来运行，所以 ActionScript 3.0 代码执行的速度比原来的 ActionScript 快 10 倍，因此它既高速又高效。

8.1.3 创建 ActionScript 3.0 程序

在 Flash CS6 中，即可以使用 ActionScript 2.0 语法编写程序也可以使用 ActionScript 3.0 语法，之所以二者并存，主要是因为如果针对旧版 Flash Player 创建 SWF 文件时，必须使用与之相兼容的 ActionScript 2.0 或 ActionScript 1.0 版本。但是，这个局面只是一种过渡，在 Flash 发展过程中，ActionScript 2.0 将会逐渐退出。

在 Flash CS6 中要新建一个 Flash 文档（ActionScript 3.0），首先运行 Flash CS6 程序，在出现的"欢迎屏幕"中，选择"ActionScript 3.0"选项，如图 8-1-1 所示。

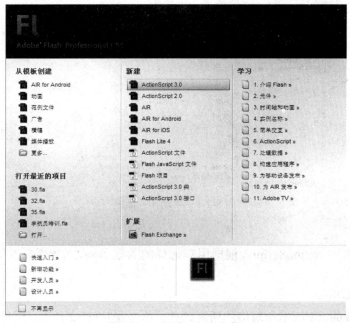

图 8-1-1   新建 Flash 文档

8.2   "动作"面板的使用

在 Flash CS6 中，ActionScript 3.0 代码可以放在两种地方：①时间轴中的关键帧上；②利用脚本编辑器编写的外部类的.as 文件。前者的代码是利用"动作"面板添加的。下面我们先来认识一下"动作"面板。

"动作"面板用于组织动作脚本，是制作动画过程中进行脚本编写的重要场合，用户可以用面板中自带的语言脚本也可以自己添加脚本来制作动画效果。Flash CS6 为用户提供了人性化的脚本编辑环境。不使用"动作"面板时它处于关闭状态，选择"窗口"→"动作"命令或按 F9 键即可打开"动作"面板。若暂时不用"动作"面板，可以双击面板的标题来收缩面板，以节省空间，单击 ▶▶ 按钮可以展开面板。

"动作"面板由以下几个部分组成，如图 8-2-1 所示。

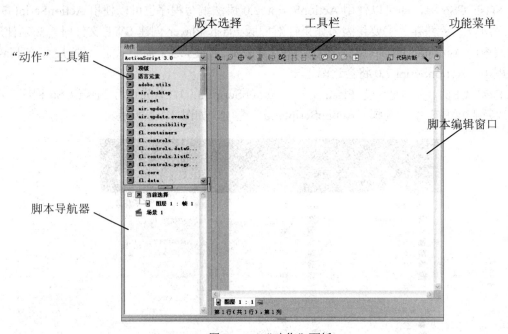

图 8-2-1　"动作"面板

1. 版本选择

选择不同版本的 ActionScript，根据用户选择的版本不同，"动作"工作箱中的动作也就不同。

2. "动作"工具箱

显示用户选择的 AS 版本所对应的所有动作。单击 ↗ 打开文件夹，通过双击 ◎ 或拖动动作到脚本编辑窗口或在树状视图中右击要添加的动作命令，从弹出的快捷菜单中选择"添加到脚本"命令即可将动作添加到脚本编辑窗口。当将鼠标悬停在每个动作上方时，会显示其基本功能。

3. 脚本编辑窗口

该区域用来编写 AS 语句。最左侧显示行号，通过单击行号之前的竖条区域将在这行设置一个断点。在行号后单击，则可以选择这一行代码。

4. 脚本导航器

用来显示所有的添加了脚本的对象和当前正在操作的对象。用户可以从这里看到程序中对象之间的关系，而且在操作时通过直接单击某个对象，便可以查看和编辑对象上的脚本代码。

5. 工具栏

主要是在编写代码过程中用到的功能按钮，分别是：

：将新项目添加到脚本中按钮。和动作工具箱的作用一样，只不过是用层级菜单的形式来显示和添加代码。

：查找按钮。单击该按钮，弹出"查找和替换"对话框，输入要查找的关键字，单击"查找下一个"按钮即可在脚本编辑区查找出匹配的关键字。在"替换为"文本框中输入要替换的内容，单击"替换"按钮即可替换指定的关键字。

：插入目标路径按钮。单击该按钮，弹出"插入目标路径"对话框，文档中所有已经命名的对象会以列表形式出现。在添加语句时，可以利用它来准确地插入对象的路径，从而减少手工输入的麻烦，并且可以选择使用相对或绝对路径。绝对路径是指主时间轴到任意一个目标实例的路径，主时间轴使用 root 来表示。相对路径是指当前对象到另一个对象之间的路径，使用点语法，你可以在相对路径上使用关键字 this 表示当前时间轴。如果 AS 语句在主时间轴上那么 this==root。

：语法检查按钮。用来检查当前脚本中的语法错误，错误结果会在"编译器错误"面板中详细显示。

：自动套用格式按钮。在编写代码中，常常不可避免地造成了代码格式的混乱，如缩进格式、空行等，妨碍了代码的可读性。单击这个按钮，如果代码中没有错误，将对代码的格式进行调整，显示正确的缩进，如图 8-2-2。如果代码中有错误，将弹出对话框提示代码中含有错误，不能进行格式调整。因此，该按钮也能达到检查代码是否有错误的功能。

自动套用格式前

自动套用格式后

图 8-2-2　自动套用格式

：显示代码提示按钮。在编写脚本代码的时候，可为正在输入的动作显示完整语法的代码提示，或列出可能的方法或属性名称的弹出菜单，如图 8-2-3 所示。当代码提示消失后，想再次查看代码的时候，可将光标放在相应的位置，然后按下显示语法提示按钮，便可以在光标位置重新显示代码提示。

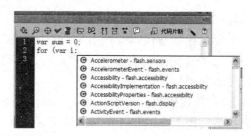

图 8-2-3　显示代码提示

　　 ：调试选项按钮。用于在脚本中设置和删除断点，以便在调试程序的过程中逐行执行代码。

　　 ：折叠成对大括号按钮。用于对出现在当前包含插入点的成对大括号或小括号间的代码进行折叠。

　　 ：折叠所选按钮。将当前所选的代码块折叠起来。

　　 ：展开全部按钮。展开当前脚本中所有折叠的代码。

　　 ：应用块注释按钮。为所选择的代码加上块注释标记。

　　 ：应用行注释按钮。在插入点处或为所选择的代码每一行加上行注释标记。

　　 ：删除注释按钮。删除当前行或所选代码的注释标志。

　　 ：显示/隐藏工具箱按钮。显示/隐藏"动作"面板左侧的"动作工具箱"和"脚本导航器"。

　　 代码片断 ：代码片段按钮。单击该按钮将打开"代码片段"面板。该面板旨在使非编程人员能快速地轻松开始使用简单的 ActionScript 3.0。借助该面板，可以将 ActionScript 3.0 代码添加到 FLA 文件以启用常用功能。使用"代码片段"面板不需要 ActionScript 3.0 的知识。

　　 ：脚本助手按钮。用于打开或关闭脚本助手模式。它可帮助新手避免可能出现的语法和逻辑错误。

　　 ：快捷菜单按钮。单击该按钮可打开快捷菜单。菜单中包括一些常用的命令，也包括刚才所讲按钮的文字命令形式，为制作动画提供了方便。

8.3　案例：Hello ActionScript 3.0!——第一个 ActionScript 3.0 程序

　　【案例目的】Flash CS6 中有两种写入 ActionScript 3.0 代码的方法。本案例分别用这两种方法实现我们的第一个 ActionScript 3.0 程序，最后在"输出"面板输出"Hello ActionScript 3.0!"。

　　【知识要点】在关键帧上添加 ActionScript 3.0 的代码、通过文档类的方式添加 ActionScript 3.0 的代码。

　　【案例效果】输出"Hello ActionScript 3.0!"，效果如图 8-3-1 所示。

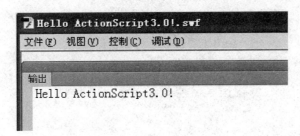

图 8-3-1　案例效果图

8.3.1　在关键帧上加入代码

【操作步骤】

（1）新建一个 Flash 文档（ActionScript 3.0）。单击时间轴的第一帧，打开"动作"面板，输入代码如下：

```
trace("Hello ActionScript 3.0!");
```

说明：trace()语句的作用是在输出面板输出信息。其语法格式为 trace(…parameters);其中 parameters 为要计算的一个或多个（逗号分隔）表达式。对于多个表达式，输出中每个表达式之间都将插入一个空格。

添加过代码后，会在帧上出现一个小写的 a。

（2）按 Ctrl+Enter 键预览并测试动画效果，会弹出一个 Flash Player 窗口和一个"输出"面板，将文件保存为"Hello ActionScript 3.0!.fla"。

8.3.2　编写外部的类文件

ActionScript 3.0 引入了文档类（Document Class）的概念，一个文档类就是一个继承自 Sprite 或 MovieClip 的类。它的出现是为了实现代码与文档分离而设计的。读取 SWF 文件时，这个文档类的构造函数会被自动调用，它就成了我们程序的入口，把要执行的代码写进去就可以了。最后把外部的 ActionScript 类文件和 FLA 文件进行绑定，编译的时候将 SWF 文件看做类的一个实例。文档类的出现可以使 FLA 文件更多地专注于动画的设计而把控制动画效果的代码全部交给 AS 文件来编写，利于协同开发。

【操作步骤】

（1）新建一个 Flash 文档（ActionScript 3.0），保存为 FirstAS.fla。单击"属性"面板中"类"后的"编辑类定义"按钮弹出"创建 ActionScript 3.0 类"对话框，在"类名称"中输入 FirstAS 后单击"确定"按钮，将建立一个未保存的.as 文件，并自动生成类的框架代码，如图 8-3-2 所示。将该文件保存到与刚才的 Flash 文档相同的目录中，为 FirstAS.as。注意，类文件的名称必须与类名相同。

```
package {

    import flash.display.MovieClip;

    public class FirstAS extends MovieClip {

        public function FirstAS() {
            // constructor code
        }
    }

}
```

图 8-3-2　自动生成类的框架代码

（2）在 FirstAS()方法中输入 trace("Hello ActionScript 3.0!");后按 Ctrl+Enter 键预览并测试动画效果，效果与上例相同。

除了采用文档类的方式之外，还可以通过单击"文件"→"新建"命令打开"新建文档"对话框，在"常规"选项卡的"类型"列表框中选择"ActionScript 文件"的方式建立一个普通的类文件，然后在.fla 文件中通过 import 导入这个类来使用，具体操作详见第 9.1 节。

8.4　ActionScript 3.0 的首选参数设置

单击菜单"编辑"→"首选参数"命令或单击"动作"面板中的"快捷菜单"按钮后选择"首选参数"选项，然后在弹出的"首选参数"对话框中切换到"ActionScript"选项，如图 8-4-1 所示，在对话框中可以设置输入的 ActionScript 代码的格式。

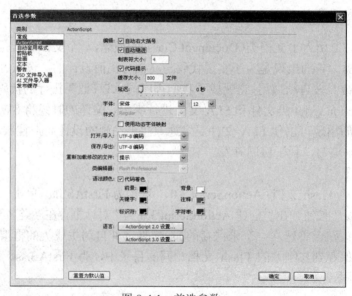

图 8-4-1　首选参数

常用设置项如下：

- 自动右大括号：在编写函数时，键入"{"后按回车，会自动填补"}"以保持函数结构的完整性，从而避免代码量过大时因忘记输入右大括号而引起的错误。
- 自动缩进：选中表示在输入"("或"{"符号后的文本将按照所设置的"制表符大小"自动缩进。
- 制表符大小：设置自动缩进量。
- 代码提示：选中表示可以自动显示代码提示。
- 延迟：拖动滑块可以设置显示代码提示之前等待的时间。
- 字体和字号：用于设置脚本的字体的字号。
- 打开/导入：指定打开或导入 ActionScript 文件时使用的字符编码格式。
- 保存/导出：指定保存或导出 ActionScript 文件时使用的字符编码格式。
- 重新加载修改的文件：指定脚本文件被修改、移动或删除时将如何操作。
- 语法颜色：指定输入的代码显示的颜色。
- 语言：单击按钮打开对话框，可以设置 ActionScript 2.0 或 ActionScript 3.0 的类路径。

8.5 案例：简易计算器——ActionScript 3.0 编程基础

【案例目的】通过 AS 代码制作一个简易的四则计算器。

【知识要点】ActionScript 3.0 程序的基本结构、变量的定义与使用、运算符的用法。

【案例效果】能进行简单的四则运算并能进行数据合法性验证，效果如图 8-5-1 至图 8-5-4 所示。

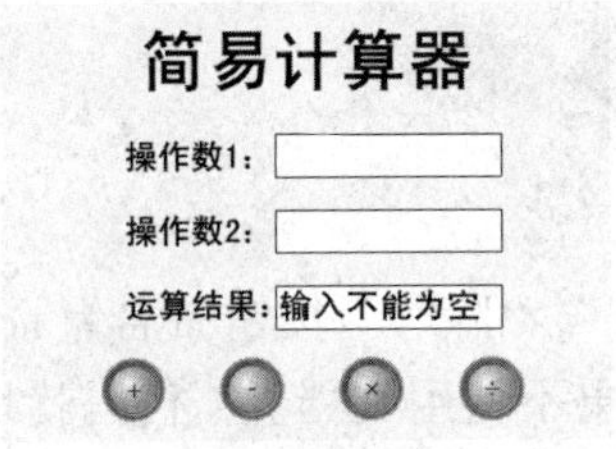

图 8-5-1　没有输入时效果图

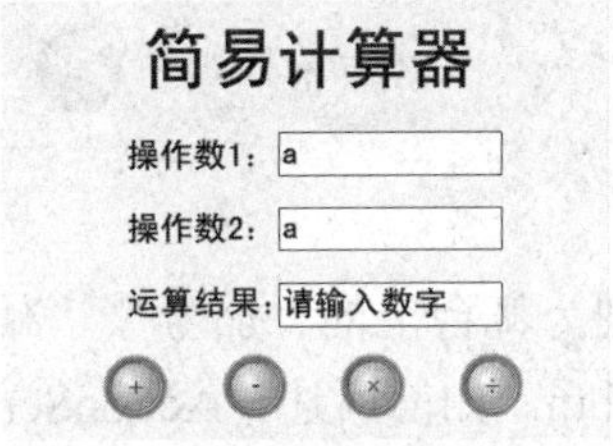

图 8-5-2　输入为非数字时效果图

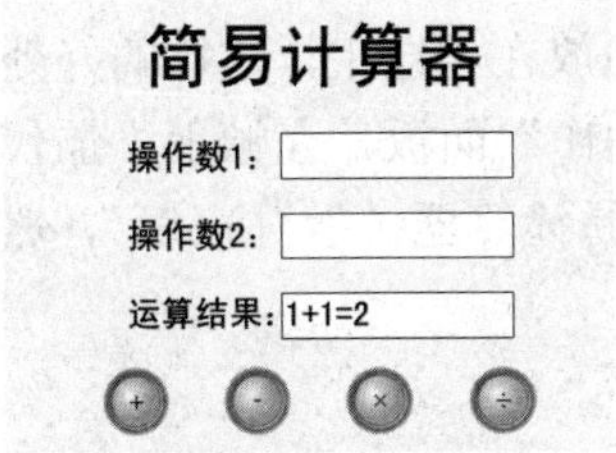

图 8-5-3　运算时效果图

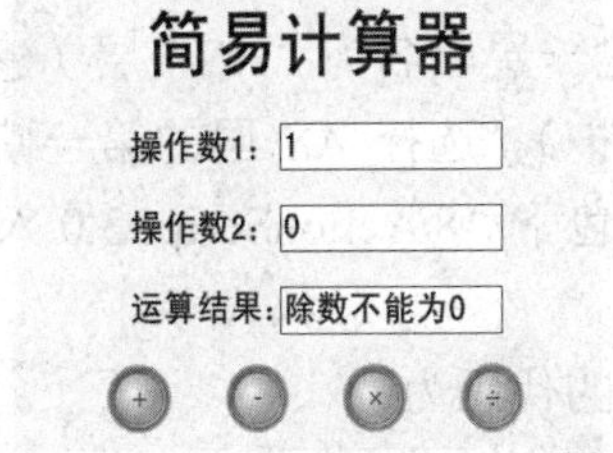

图 8-5-4　除数为 0 时效果图

【操作步骤】

（1）新建一个 Flash 文档（ActionScript 3.0）。在"属性"面板中将舞台的背景色 RGB 设置为#FFFFCC。

（2）将当前层重命名为"文字"，然后使用文本工具创建 4 个传统文本中的静态文本，分别输入"简易计算器"、"操作数 1"、"操作数 2"、"运算结果"。字体为"黑体"，"简易计算器"的字号为 60，其余为 30。字体颜色为#0000CC。

（3）新建一层并更名为"操作"。在"操作数 1"、"操作数 2"后创建两个输入文本框，并"显示边框"（单击"属性"面板中的▣按钮），然后将文本框分别命名为 num1_txt、num2_txt（建议命名时以_txt 作为后缀，这样程序更加易读，一看就知道是文本框。如果是按钮就以_btn 作为后缀，代表按钮实例），字体为"黑体"，字号为 30。在"运算结果"后创建一个动态文本框，显示边框，对象名称为 result_txt，字号为 30。

（4）选择"窗口"→"公用库"→Buttons 命令，从打开的库中选择"buttons bubble2"下的"bubble2 green"按钮拖动到库中，双击进入删除该按钮的文字图层。把该按钮元件直接复制为"加号"、"减号"、"乘号"、"除号"元件，为它们各自添加文字层并添加"+"、"-"、"×"、"÷"符号后拖放到舞台上，将界面中的对象排列整齐，如图 8-5-5 所示。

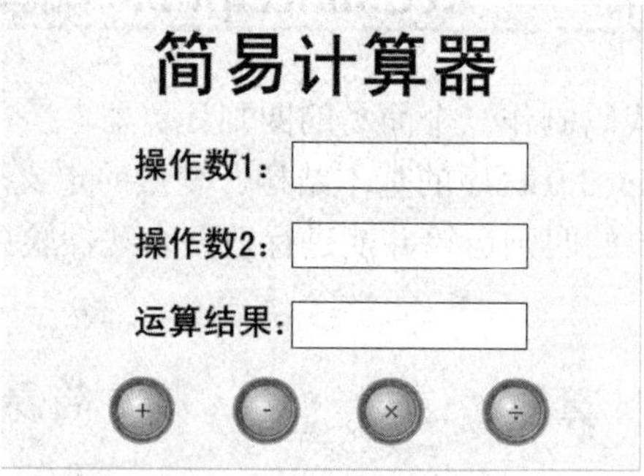

图 8-5-5　界面效果

（5）分别为舞台上的"加号"、"减号"、"乘号"、"除号"按钮命名为 add_btn、sub_btn、mul_btn、div_btn。如前所述，ActionScript 3.0 中如果不使用文档类，代码就只能添加到帧中，如果希望一个按钮能响应相关的动作，就必须给按钮设置一个实例名称，然后在帧中添加操作这些实例的代码。

（6）新建一层命名为"AS"层（建议代码单独放在一层上，这样的好处是代码更加利于统一管理和维护）。选择 AS 层的第一帧，打开"动作"面板，在帧上添加代码（读者可直接打开资源文件包下"8 ActionScript 3.0 入门\素材\简易计算器（素材）.fla"，然后在其中做该步骤即可）。

加法运算的代码为：

```
//为按钮注册事件侦听器函数
add_btn.addEventListener(MouseEvent.CLICK,addNum);
```

```
//定义的事件侦听函数，用来响应加法按钮的单击事件;
function addNum(me:MouseEvent)
{
        var num1:Number;//定义变量 num1
        var num2:Number;//定义变量 num2
        var result_temp:Number;//定义变量 result_temp
        //判断输入框中的内容是否为空
        if (num1_txt.text == "" && num2_txt.text == "")
        {
                result_txt.text = "输入不能为空";
        }
        /*判断输入框中的内容是否为数字。如果 num1_txt.text 不是一个纯数字则 Number(num1_txt.text)
        返回值为 NaN,它是一个常量，再使用 String()函数将它强制转换成字符串，最后与"NaN"比较*/
        else if (String(Number(num1_txt.text))=="NaN"||String(Number(num2_txt.text))=="NaN")
        {
                result_txt.text = "请输入数字";
        }
        else
        {

                /*将 num1_txt 文本框中的值存入 num1，因为文本框接收为字符串型，而这里要进行
                算术运算，所以要将其转换为 Number 类型*/
                num1 = Number(num1_txt.text);
                num2 = Number(num2_txt.text);
                result_temp = num1 + num2;//求和
/*result_temp 的类型为 Number，所以在输出到类型为字符串型的结果文本框时应用 toString()转化成字串*/
                result_txt.text = num1_txt.text + "+" + num2_txt.text + "=" + result_temp.toString();
                num1_txt.text = "";//清空操作数 1 文本框
                num2_txt.text = "";
        }
}
```

对于减法和乘法运算的代码与加法相同，但对于除法的代码应加上对 num2_txt 输入框中数据输入不能为 0 的判断，这里不再一一赘述，读者可参阅本书配有的源文件。

（7）按 Ctrl+Enter 键预览并测试动画效果，将文件保存为"简易计算器.fla"。

8.5.1　语法规则

语法规则是指一门编程语言在编写代码过程中必须要遵守的一组规则，这组规则决定了编程过程中可以使用的符号和语言以及如何编写代码。了解了这些规则可以帮助用户减少很多不必要的麻烦，提高编程的效率。同时也必须遵守其编写时的语法规则，才可以准确编译和运行的程序。下面介绍 ActionScript 3.0 的一些通用语法规则。

1．区分大小写

ActionScript 3.0 是一种严格区分字母大小写的编程语言。编程过程中，类名、变量名、方法名等都要与定义时的大小写一致，否则会被视为出错。如果在用到关键字时没有使用正确的大小写，脚本将会出现错误。如果变量的大小写不同就会认为是不同的变量。例如：下面的 2 个变量名称表示 2 个不同的变量。

```
var str:String="Hello";
var Str:String="World";
```

2. 关键字和保留字

保留字是指系统保留给 ActionScript 使用的，不可以将它们作为变量、函数、类等的名字，否则程序运行时就会报错。ActionScript 3.0 的保留字分为 3 类：词汇关键字、句法关键字和供将来使用的保留字。

- 词汇关键字 45 个：as break case catch class const continue default delete do else extends false finally for function if implements import in instanceof interface internal is native new null package private protected public return super switch this throw to true try typeof use var void while with。

- 句法关键字 10 个：each static dynamic final include namespace set get override native。

- 供将来使用的保留字 22 个：abstract boolean byte cast char debugger double enum export float goto intrinsic long prototype short synchronized throws to transient type virtual volatile。

3. 点语法

在 ActionScript 3.0 中，点运算符（.）在编写代码的过程中有着重要的作用。

（1）被用来指明某个对象的属性和方法

语法格式：

对象名.属性；

对象名.方法()；

例如，有一个实例名称为 ball_mc 的影片剪辑。

```
ball_mc.alpha=0.5;//设置 ball_mc 对象的透明度为 0.5;
ball_mc.gotoAndPlay(15);//跳转到 ball_mc 中的第 15 帧，继续播放;
```

（2）描述显示对象的路径

比如，刚才的名称为 ball_mc 的影片剪辑中嵌套有另一个影片剪辑 ballChild_mc，可以通过下面的方式来访问 ballChild_mc：

```
ball_mc.ballChild_mc.alpha=0.5;
```

（3）描述包的路径

比如，类文件要放在 Person 目录下的 Tom 子目录下，那么包路径就要写成：

```
Person.Tom
```

引入 MovieClip 类，引入的代码应写为：

```
import flash.display.MovieClip;
```

4. 大括号

使用大括号（{}）可以将 ActionScript 事件、类定义和函数组合成块。可以将左大括号与声明放在同一行中，也可以将左大括号放在声明下边的一行。大括号必须是成对出现的。例如：

```
function HelloActionScript()
{
```

```
        trace("Hello ActionScript 3.0!");
}
```

5. 分号

AS 语句用分号结束，每条语句的结尾都应该加上分号，如果省略语句结尾的分号，AS 编译器会认为代码的每一行都代表着一个单一语句，所以仍然能编译用户创建的脚本，在"动作"面板或"脚本"窗口中单击"自动套用格式"按钮后，将自动在语句的结尾添加分号。使用分号终止语句使用户能够在单个行中放置不止一条语句，但是这样做往往会使代码难以阅读。例如：

```
ball_mc.alpha =0.5;
```

另外，在 for 循环中，使用分号来分隔参数。例如：

```
for (var i:int=1; i<=10; i++)
{
        trace(i);//输出 1 到 10 这几个数字
}
```

6. 逗号

逗号的作用主要是分隔参数，比如函数的参数、方法的参数等。例如：

```
trace("a","b","c");//输出 a b c
```

7. 冒号

冒号的作用主要是为变量指定数据类型。例如：

```
var i:int=0;
```

8. 圆括号

圆括号主要有以下几种用途：

（1）在定义函数的时候，所有形参必须放在圆括号内；调用函数的时候，实参也必须放在圆括号中。

```
function mySum (num1:int,num2:int){
……
}
```

（2）在数学运算方面，用圆括号改变运算的顺序。

```
trace(2 + 3 * 4);    // 14
trace( (2 + 3) * 4); // 20
```

（3）在表达式运算方面，结合逗号运算符，计算一系列表达式的结果，并返回最终表达式的结果。

```
var a:int=1;
var b:int=2;
trace((a*b,(a+b),(a+10)*b));//22
```

（4）在循环和选择结构体中的循环条件和选择条件的描述，放在结构体的圆括号中。

```
//循环结构体
for(var i:int=1;i<=10;i++)
{
//code
}
```

```
//选择结构体
if(choose= =true)
{
  //code
}
```

9. 中括号

中括号的作用主要是定义和访问数组。例如：

```
var arr:Array=[1,2,3,4,5];
trace(arr[0]);//1
```

10. 注释

注释在程序中起到很重要的作用，它用简单的语言对程序的代码进行简单的解释，Flash的注释符号是"//"和"/* */"。注释部分在默认的条件下显示为灰色，也可以通过首选参数设置不同的颜色。Flash在执行的时候会自动跳过注释语句而运行下面的程序。注释的内容在编译过程中将被忽略掉，所以不会影响发布的最终文件的体积。在某一行之前添加//，可以使这一行代码变成注释。需要添加多行注释的时候，在开始行的前面添加/*，在结束行的末尾添加*/即可。多行注释中的注释部分格式保持不变，这个好处在编写代码的时候，当不需要实现某一部分代码的功能的时候，可以使用多行注释符号把它注释掉，这个小技巧在代码的调试过程中十分有用。注意的是多行注释的"/* */"成对出现，且/*在前*/在后。

8.5.2 变量

变量是用来保存信息的"容器"，保存的信息可以改变，而"容器"不改变。变量可以存储任意类型的数据：数值、字符串、逻辑值、对象或影片剪辑。变量必须先声明再使用，不然编译器就要报错。

1. 变量命名规则

- 变量必须是一个标识符，且对大小写敏感。它的名称第一个字符必须是字母、下划线（_）或美元符号（$），其后的字符可以是数字、字母、下划线（_）或美元符号（$）。
- 变量名不能是关键字和保留字。而且在变量使用的范围内，变量的名称必须唯一。

例如：

以下变量名是合法的：

```
firstName、_foot、$value
```

而下面的变量名是不合法的：

```
8cuo、true
```

- 变量命名要尽可能地做到见名知义。可以使用英文单词或其缩写来命名变量，而且使用的单词最好能说明变量的用途，且在能说明其含义的情况下，越短越好。
- 尽量不要用数字编号的方式来命名变量。虽然看起来用数字编号很省事，但日子一长就有可能忘记数字所代表的含义，程序的易读性也不强。
- 变量名尽量采用骆驼式命名法。所谓骆驼式命名法就是指用大小写混合字母来命名变量或函数。第一个单词首字母小写，后面单词的首字母大写。例如：firstNum。

2. 声明变量

在 ActionScript 3.0 中，声明变量的格式如下：

```
var 变量名:数据类型;
var 变量名:数据类型=值;
```

var 是一个关键字，用来声明变量。如果要将变量与一个数据类型相关联，则必须在声明变量时进行此操作。可将变量的数据类型写在冒号后面。如果要赋值，那么值的数据类型和变量的数据类型要一致。在声明变量时不指定变量的数据类型是合法的，该变量会被认为是未声明类型（untyped），但是在严格数据类型下将产生编译器警告。要查看变量的值，请使用 trace() 语句向"输出"面板发送值。然后，在测试环境中测试 SWF 文件时，值显示在"输出"面板中。例如：

以下变量的声明是错误的：

```
i;//没有加 var 关键字，即是没有声明变量
i=3;// 没有加 var 关键字
var i:int="hello";//变量的数据类型和值的数据类型不一致
```

以下变量的声明是正确的：

```
var firstName:String;//声明变量 firstName，并且指定它的数据类型为 String
var secondName;//声明变量 secondName，但没有指定数据类型
var thirdName:String="张三丰";//声明变量 thirdName，其数据类型为 String，值为张三丰
trace(thirdName);//输出 thirdName 的值
```

如果要声明多个变量，可以使用逗号将变量进行分隔。

```
var a:int,b:int,c:int;
```

也可以在同一行代码中为其中的每个变量赋值。

```
var a:int=1,b:int=2,c:int=3;
trace(a,b,c);//1 2 3
```

3. 变量赋值

首次声明变量时，这个变量还是空的，没有任何信息，最好为该变量赋一个值。指定一个初始值称为初始化该变量，初始化变量有助于在播放 SWF 文件时跟踪和比较变量的值。赋值过程通过"="赋值运算符完成。下面的语句给前面声明的变量 firstName 赋值"令狐冲"。

```
firstName="令狐冲";
```

通常可以把变量声明和变量赋值语句写在一起。

```
var firstName:String="令狐冲";
```

还可以使用表达式将表达式的结果赋值给一个变量。

```
var sum:Number=3*5+5;
```

通过连等的方式可以把一个值赋给多个变量。

```
var firstNum:Number;
var secondNum:Number;
var thirdNum:Number;
firstNum= secondNum=thirdNum=10;
```

4. 变量的作用域

变量的作用域是指变量在其中声明，并且可以引用的范围。根据变量的作用域，可以把

变量分成局部变量和全局变量。

（1）全局变量：全局变量是在所有函数或类定义的外部定义的变量。其在代码的任何地方都可以访问。例如：

```
var strHi:String = "你好，我是全局的";
//定义函数
function SayHi()
{
        trace(strHi);
}
SayHi();//调用函数
```

（2）局部变量：指在某个代码块定义的变量，只在它声明时所处的代码块中有效。如果是类变量就要以修饰变量的关键字来判断它的作用域了。例如：

```
function SayHi()
{
        var strHi:String = "你好，我是局部的";
        trace(strHi);
}
SayHi();//调用函数
trace(strHi);//该语句出错，提示"访问的属性 strHi"未定义
```

如果一个局部变量名和全局变量名重名，那么在局部变量作用域内会屏蔽全局变量。其他范围内全局变量仍然有效。例如：

```
var strHi:String = "你好，我是全局的";
function SayHi()
{
        var strHi:String = "你好，我是局部的";
        trace(strHi);//输出：你好，我是局部的
}
SayHi();//调用函数
trace(strHi);//输出：你好，我是全局的
```

注意：在某些编程语言中，在代码块内部声明的变量离开代码块就不可用了。所谓代码块，就是{}之间的一组语句。对于这一限制称为块级作用域。但是 ActionScript 3.0 就不存在这样的限制，如果在代码块中声明一个变量，那么这个变量即使离开代码块，它在代码块所属的函数中都可使用，例如：

```
for (var i:int=1; i<=10; i++)
{
        var sum:int = 0;
        sum +=   i;
}
trace("i="+i);//在声明它的代码块之外还会延续它的结果
trace("sum="+sum);//sum 不会因为离开了声明它的代码块就不存在了
```

因为没有块级作用域的限制，所以只要在函数结束之前对变量进行声明，就可以在声明变量之前对它进行读写，所以只要在函数中声明变量，无论放在何位置，在整个函数中都可以使用，例如：

```
trace("声明变量前 myAge="+myAge);//声明变量前 myAge=0
```

```
var myAge:int=20;
trace("声明变量后 myAge="+myAge);//声明变量后 myAge=20
```

说明，编译器不会把赋值语句提前到最前端，所以第一行输出为 0。但是由此看出，我们可以在声明变量之前为它赋值，例如：

```
myAge=100;
trace("声明变量前 myAge="+myAge);//声明变量前 myAge=100
var myAge:int=20;
trace("声明变量后 myAge="+myAge);//声明变量后 myAge=20
```

8.5.3　常量

常量是指具有无法改变的固定值的属性。它可以看做是一种特殊的变量，这种变量只能在声明时赋值，而且之后不能再发生改变。在程序运行过程中，只要某个变量不应发生变化，就应该把它声明为常量，比如数学中的圆周率，物理中的重力加速度等都可以设置为常量。如果试图改变常量的值那么编译器会报错。ActionScript 3.0 使用 const 关键字声明常量。按照惯例，ActionScript 中的常量全部使用大写字母，各个单词之间用下划线字符（_）分隔。其语法格式为：

```
const 常量名:数据类型=值;
```

对于值类型而言，常量是不能改变的。对于引用型常量来说，虽然不能直接修改其引用，但可以通过修改引用对象自身的状态来实现对常量的修改。例如：

```
const First_ARR:Array=[1,2,3];
var Second_ARR:Array= First_ARR;
trace(Second_ARR);//输出：1 2 3
Second_ARR [0]=100;
trace(Second_ARR );//输出：100 2 3
```

8.5.4　数据类型

"数据类型"用来定义一组值。例如，Boolean 数据类型所定义的一组值中仅包含两个值：true 和 false。ActionScript 3.0 的数据类型分为两种：

●　基元数据类型：Boolean、int、Null、Number、String、uint 和 void。

●　复杂数据类型：Object、Array、Date、Error、Function、RegExp、XML 和 XMLList。

基元值的处理速度通常比复杂值的处理速度快，因为 ActionScript 按照一种尽可能优化内存和提高速度的特殊方式来存储基元值。简单的复杂数据类型通常是由一些基元数据类型构成的，如 Array（数组）可以由一些数字或字符串等作为元素组成。高级一些的复杂数据类型其组成元素也是复杂数据类型。我们自己定义的类也全部属于复杂数据类型。

下面将介绍在编程过程中经常要使用到的数据类型。

1. Boolean 数据类型

Boolean 数据类型包含两个值：true 和 false。对于 Boolean 类型的变量，其他任何值都是无效的。已经声明但尚未初始化的布尔变量的默认值是 false。可以说一个 Boolean 类型的变量与数值 0 或 1 对应起来，但是不能直接给 Boolean 类型的变量赋值为 0 或 1，这样会造成编译器错误。

```
var a:Boolean;
trace(a);//输出：false
a = true;
var b:Number = 1 + a;
trace(b);//输出为 2
```

2．int、unint、Number 数据类型

Int 数据类型在内部存储为 32 位整数，它包含一组介于-2,147,483,648（-2^{31}）和 2,147,483,647（$2^{31}-1$）之间的整数（包括-2,147,483,648 和 2,147,483,647）。如果变量不会使用浮点数，那么，使用 int 数据类型来代替 Number 数据类型会更快更高效。

对于小于 int 的最小值或大于 int 的最大值的整数值，应使用 Number 数据类型。int 数据类型的变量的默认值是 0。

uint 数据类型在内部存储为 32 位无符号整数，它包含一组介于 0 和 4,294,967,295（$2^{32}-1$）之间的整数（包括 0 和 4,294,967,295）。uint 数据类型可用于要求非负整数的特殊情形。对于大于 uint 的最大值的整数值，应使用 Number 数据类型。uint 数据类型的变量的默认值是 0。

Number 数据类型可以表示整数、无符号整数和浮点数。但是，为了尽可能提高性能，应将 Number 数据类型仅用于浮点数，或者用于 int 和 uint 类型不可以存储的、大于 32 位的整数值。要存储浮点数，数字中应包括一个小数点。如果省略了小数点，数字将存储为整数。Number 数据类型使用由 IEEE 二进制浮点算术标准（IEEE-754）指定的 64 位双精度格式。此标准规定如何使用 64 个可用位来存储浮点数。它的数值范围是 4.940656458412467e-324 和 1.79769313486231e+308 之间。如果用 Number 数据类型来存储整数值，则仅使用 52 位有效位数。Number 数据类型使用 52 位和一个特殊的隐藏位来表示介于 -9,007,199,254,740,992（-2^{53}）和 9,007,199,254,740,992（2^{53}）之间的整数。Number 数据类型的变量的默认值是 NaN。

3．Null 数据类型

Null 数据类型仅包含一个值：null，这意味着没有值。这是 String 数据类型和用来定义复杂数据类型的所有类（包括 Object 类）的默认值。程序中不能使用该类型去定义一个变量。

4．String 数据类型

String 数据类型表示一个 16 位字符的序列。字符串是诸如字母、数字和标点符号等字符的序列。虽然 null 值与空字符串（""）均表示没有任何字符，但二者并不相同。在 ActionScript 语句中输入字符串的方式是将其放在单引号（'）或双引号（"）之间，并不强制使用单引号或双引号，但绝对不能混用，而且在编程中最好保持同一种赋值方式。当字符串中还有单引号或双引号的时候可能引起混乱，如'I don't kown'，这样的语句在 Flash 中字符串是以 don't 中的单引号做为字符串的结束，这样就引起错误了，这时候就需要使用转义符号（\），如'I don\'t kown'，把需要转义的字符放在反斜杠\后面就行了。表 8-5-1 中列出了转义符号代表的意思。用 String 数据类型声明的变量的默认值是 null。

表 8-5-1 转义符号

转义序列	字符
\b	退格符（ASCII 8）
\f	换页符（ASCII 12）
\n	换行符（ASCII 10）
\r	回车符（ASCII 13）
\t	制表符（ASCII 9）
\"	双引号
\'	单引号
\\	反斜杠
\000 - \377	以八进制指定的字节
\x00 - \xFF	以十六进制指定的字节
\u0000 - \uFFFF	以十六进制指定的 16 位 Unicode 字符

例如：

```
var sayHi:String="大家好，我叫：\"翟慧\"。\n 我是河南职业技术学院的一名教师。";
trace(sayHi);
```

输出效果：

```
大家好，我叫："翟慧"。
我是河南职业技术学院的一名教师。
```

5. void 数据类型

仅包含一个值：undefined。只能为无类型变量赋予 undefined 这一值。无类型变量是指缺乏类型注释或者使用星号（*）作为类型注释的变量。只能将 void 用作返回类型注释。

```
//创建返回类型为 void 的函数
function myHobby():void
{
    trace("唱歌");
}
myHobby();
```

6. Array 数组类型

数组是用来将多种对象组合在一起。声明数组的方法如下：

```
var aArr:Array;//声明一个数组但没有指明引用的对象
trace(aArr);//输出为 null
var bArr:Array=[];//声明一个空数组
trace(bArr);//输出为空白，不再是 null 了
trace("-------");//对显示结果进行分隔
var cArr:Array=new Array();//效果同上
trace(cArr);
```

```
var dArr:Array=[1,2,3];//创建一个数组
trace(dArr);//输出:1,2,3
var eArr:Array=new Array(1,2,3);//效果同上
trace(eArr);
var fArr:Array=new Array(3);//创建一个长度为 3 的空数组，每个数组元素为空
trace(fArr);//输出：,,
```

7. Object 数据类型

Object 数据类型是由 Object 类定义的。Object 类用作 ActionScript 中的所有类定义的基类。Object 的成员包括：属性和方法。前者用来存放各种数据，后者用来存放函数对象。成员的名字有时被称为键（Key），成员被称为与这个键对应的值（Value）。声明 Object 对象的方法有两种，分别是：

```
//方法一：使用构造函数
var firstObj:Object=new Object();
//方法二：使用{}
var secondObj:Object={};
```

以上效果相同，都构建出了一个空的 Object 对象。例如：

```
var myObj:Object = {myName:"张三丰",myAge:"100 岁",mySayHi:function SayHi(){trace("我的爱好：太极拳");}};//写入
属性和方法
trace(myObj.myName);//输出：张三丰
trace(myObj.myAge);//输出:100 岁
myObj.mySayHi();//输出：我的爱好：太极拳;
myObj.myID = "武当山掌门";//动态添加属性
myObj.Welcome = function (){trace("欢迎你来武当山参观");};//动态添加方法
trace(myObj.myID);//输出：武当山掌门
myObj.Welcome();//输出：欢迎你来武当山参观
```

程序运行结果如图 8-5-6 所示。

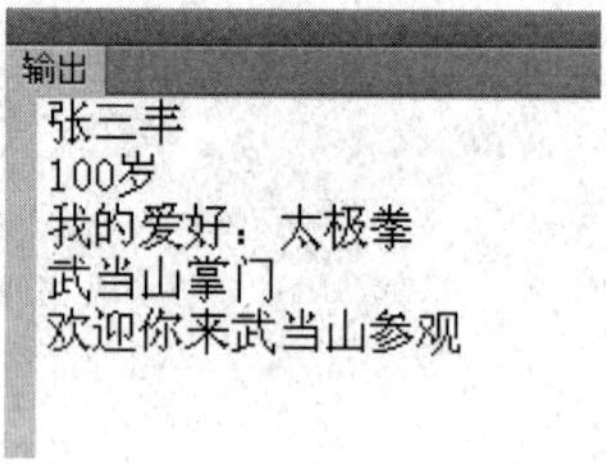

图 8-5-6　运行结果

8.5.5　运算符与表达式

运算符是一种特殊的函数，它们具有一个或多个操作数并返回相应的值。"操作数"是被运算符用作输入的值，通常是字面值、变量或表达式。根据运算符所带操作数的数量的不同，

把 ActionScript 3.0 中的运算符分成 3 类。

- 一元运算符：只有一个操作数，如递增运算符（++）；
- 二元运算符：有两个操作数，如表达式 a-b 中的减号（-）；
- 三元运算符：有三个操作数，如表达式(x>y)?max=x:max=y;中的条件运算符（?:）。

有些运算符是"重载的"，这意味着它们的行为因传递给它们的操作数的类型或数量而异。例如：

```
trace(5 + 5);      // 10 两个操作数均为数字，所以返回其和
trace("5" + "5");  // 55 两个操作数均为字符串，所以返回字符串的连接
```

运算符的行为还可能因所提供的操作数的数量而异。减法运算符（-）既是一元运算符又是二元运算符。对于减法运算符，如果只提供一个操作数，则该运算符会对操作数求反并返回结果；如果提供两个操作数，则减法运算符返回这两个操作数的差。

表达式是 Flash 可以计算并返回值的任何语句。可以通过组合运算符和值或者调用函数来创建表达式。每个表达式都要产生一个值，这个值就是表达式的值。表达式主要有：

- 数值表达式：由数字、数值型变量和算术运算符共同组成。例如，1+1。
- 字符串表达式：由字符串和字符串变量通过字符串运算符连接而成的表达式。例如，字符串表达式"Hello,"+"World!"表示将字符串"Hello,"和"World!"连接起来，结果为"Hello, World!"。
- 逻辑表达式：由逻辑运算符将数值表达式连接而成。例如，1>2，值为 false，因为 1 大于 2 为假。

下面我们来学习主要有哪些运算符。

1. 赋值运算符

二元运算符，有两个操作数，它根据一个操作数的值对另一个操作数进行赋值。其语法格式如下：

```
变量名或常量名=值;
```

说明：值可以是基元数据类型的数据，也可以是一个表达式、函数返回值或对象的引用。例如：

```
var n:int= 1;// 将值 1 赋予变量 n
const NUM:int = 1+1;// 将表达式 1+1 的值赋予常量 NUM;
```

还可以使用赋值运算符给同一表达式中的几个变量赋值。在下面的语句中，值 100 会被赋予变量 num1、num2 和 num3。

```
var num1:Number;
var num2:Number;
var num3:Number;
num1 = num2 = num3 = 100;
```

2. 算术运算符

算术运算符对数字操作数执行算术运算，这些运算符如表 8-5-2 所示。

表 8-5-2　算术运算符

运算符	执行的运算	示例	执行结果	说明
+	加法	trace(20+2);	22	两个操作数均为数字时求和
		trace("20"+2);	202	一个或两个操作数为字符串时连接
-	减法	trace(20-2);	18	两个操作数返回这两个操作的差
		trace(-20);	-20	一个操作数时对该数求反
*	乘法	trace(20*2);	40	两个操作数相乘
/	除法	trace(20/2);	10	两个操作数相除
%	求模	trace(20%2);	0	第一个操作数除以第二个操作数所得的余数
++	递增	详见后续示例		
--	递减			

注意：在减号、乘号和除号的两个操作数中如果有一个操作数是字符串则会出现"String 类型值的隐式强制指令的目标是非相关类型 Number"的编译器错误。

（1）递增（++）：一元运算符，在操作数当前值的基础上加1，当操作数为非数字类型的时候，将不进行任何处理，返回原来的操作数。根据递增运算符和操作数的前后位置不同，分成两种形式：预先递增和滞后递增。如：

```
++i; //运算符在操作数之前，预先递增
i++; //运算符在操作数之后，滞后递增
```

在两种形式中，都是对操作数增1，区别在于使用预先递增是在操作数使用之前将操作数加1，滞后递增是在操作数使用之后将操作数加1。如：

```
var i:int = 0;
var j:int = 0;
trace(i);//输出 0
trace(j);//输出 0
j = ++i;
trace(j);//输出 1
trace(i);//输出 1
```

在表达式 j=++i;中，先将 i 加 1，再赋值给变量 j，所以 j 值等于 1，i 值也增加为 1。

```
var j:Number = 0;
var i:Number = 0;
trace(j);//输出 0
trace(i);//输出 0
j = i++;
trace(j);//输出 0
trace(i);//输出 1
```

在表达式 j=i++;中，先将 i 赋值给变量 j，i 使用之后将 i 值加 1，所以 j 值等于 0，i 值增加为 1。

（2）递减

递减（--）：和递增非常相似，也是一元运算符，在操作数的当前值的基础上减 1。根据运算符与操作数的位置的不同，也可以分成：预先递减和滞后递减。

预先递减：

```
var j:int = 0;
var i:int = 10;
trace(j);//输出 0
trace(i);//输出 10
j = --i;
trace(j);//输出 9
trace(i);//输出 9
```

在表达式 j=--i;中，先将 i 的值减 1，再将 i 值赋值给变量 j，所以 j 值等于 9，i 值也等于 9。

滞后递减：

```
var j:int = 0;
var i:int = 10;
trace(j);//输出 0
trace(i);//输出 10
j = i--;
trace(j);//输出 10
trace(i);//输出 9
```

在表达式 j=i--;中，先将 i 值赋值给变量 j，再将 i 值减 1，所以 j 值等于 10，i 值等于 9。

3．算术赋值运算符

在 ActionScript 3.0 中，可以把算术运算符和赋值运算符组成算术赋值运算符：+=、-=、*=、/=、%=，使用这种复合算术运算符可以提高代码的执行效率，它们和赋值运算符一样，运算符左边只能是变量。表 8-5-3 中列出了这些运算符的名称及代表的含义，它们具有相同的优先级。

表 8-5-3　算术赋值运算符

运算符	执行的运算	示例	代表的含义
*=	乘法赋值	i*=j	i=i*j
/=	除法赋值	i/=j	i=i/j
%=	求模赋值	i%=j	i=i%j
+=	加法赋值	i+=j	i=i+j
-=	减法赋值	i-=j	i=i-j

4．关系运算符

关系运算符用于比较两个表达式的值，并且返回一个布尔值（true 或 false），关系运算符左右两侧可以是数值、变量或者表达式。表 8-5-4 列出了关系运算符。

表 8-5-4　关系运算符

运算符	执行的运算
<	小于
>	大于
<=	小于或等于
>=	大于或等于
==	等于
!=	不等于
===	严格等于
!==	严格不等于

说明：

（1）如果是数值的比较，int、unit 和 Number 不区分，按照数值的大小来进行比较。

（2）当运算符左右两侧的数据类型不一致时，系统会把非数值的一侧转换成数值，再比较。例如：

```
var a:int=3;
var b:Boolean=true;
trace(a>b);//输出为 true
```

（3）当运算符一侧为字符串，另一侧为数字时，编译器会报错。例如：

```
var a:int=3;
var b:String="2";
trace(a>b);
```

解决方法为：执行显式转换，把字符串转换成数字再比较。例如：

```
var a:int=3;
var b:String="2";
trace(a>int(b));//输出为 true
```

或声明字符串变量时不写数据类型。例如：

```
var a:int=3;
var b="2";
trace(a>b);//输出为 true
```

如果操作数全为字符串时，则按照从左到右的字母顺序来进行比较。

（4）等于（==）与严格等与（===）：等于运算符判断两个运算数是否相等，相等的话返回 true（真），不相等的话返回 false（假）。严格等于要求两个操作数不仅数值相等，数据类型也必须完全相同。例如：

```
var a:int=1;
var b:Number=1;
var c="1";//字符串的话不要声明数据类型
var d:Boolean=true;
```

```
trace(a==b);//输出为 true
trace(a===b);//输出为 true,int、uint 和 Number 在比较时认为数据类型是相同的
trace(a==c);//输出为 true
trace(a===c);//输出为 false
trace(a==d);//输出为 true
trace(a===d);//输出为 false
```

5. 逻辑运算符

逻辑运算符用于将表达式、变量或函数返回值连接起来组成逻辑表达式，常用于在条件或循环语句中判断多个条件的时候。表 8-5-5 列出了逻辑运算符。

表 8-5-5　逻辑运算符

运算符	执行的运算	说明
&&	逻辑"与"	当两个运算数都是 true 的时候，返回 true，否则返回 false
||	逻辑"或"	当两个运算数都是 false 的时候，返回 false，否则返回 true
!	逻辑"非"	返回与运算数相反的布尔值

6. 按位运算符

按位运算符是低级计算机语言如汇编语言中处理数字最原始的方法，因为其本身运算速度快等优点，所以在很多高级语言中还包含了这些运算符。ActionScript 3.0 中也包含了这些按位运算符，只是用得比较少。按位操作需要把运算符前后的表达式转换成二进制然后再进行操作。表 8-5-6 列出了按位运算符。

表 8-5-6　按位运算符

运算符	执行的运算	说明
&	按位"与"	两个相应的二进制位都为 1，则结果为 1，否则为 0
^	按位"异或"	两个相应的二进制位同时为 1 或 0 的时候结果为 0，否则结果为 1
|	按位"或"	两个相应的二进制位其中有一个是 1 的时候，结果为 1，否则为 0
<<	按位向左移位	按位移位运算符有两个操作数，它将第一个操作数的各位按第二个操作数指定的长度移位。
>>	按位向右移位	
>>>	按位无符号向右移位	

7. 按位赋值运算符

和算术复合赋值运算符一样，按位运算符和赋值运算符结合组成按位赋值运算符，在语句中可以提高代码执行效率。表 8-5-7 中列出了这些运算符。

表 8-5-7　按位赋值运算符

运算符	执行的运算	示例	代表的含义
&=	按位"与"赋值	i&=j	i=i&j
^=	按位"异或"赋值	i^=j	i=i^j
|=	按位"或"赋值	i|=j	i=i|j
<<=	按位左移位赋值	i<<=j	i=i<<j
>>=	按位右移位赋值	i>>=j	i=i>>j
>>>=	按位无符号右移位赋值	i>>>=j	i=i>>>j

8. 条件运算符

条件运算符（?:）：三元运算符，使用方法如下：

```
var i:Number = 5;
var j:Number = 10;
var k = (i<6) ? i : j;
trace(k);// 输出 5
```

执行语句的时候，首先判断第一个表达式的返回值，若是返回值为 true 则执行第二个表达式，返回值为 false 则执行第三个表达式。

还有一些运算符因篇幅原因，不再一一赘述。

9. 运算符的优先级和结合顺序

在一条语句中使用两个或多个运算符时，一些运算符会优先于其他的运算符。运算符的优先级和结合律决定了处理运算符的顺序。表 8-5-8 按优先级递减的顺序列出了 ActionScript 3.0 中的运算符。在该表中，每一行中包含的运算符优先级相同，表中每一行运算符的优先级都高于出现在它下面行中运算符。

表 8-5-8　运算符的优先级

运算符
[] {x:y} () f(x) new x.y x[y] <></> @ :: ..
x++ x--
++x --x + - ~ ! delete typeof void
* / %
+ -
<< >> >>>
< > <= >= as in instanceof is
== != === !==
&

续表

运算符
^
|
&&
||
?:
= *= /= %= += -= <<= >>= >>>= &= ^= |=
,

8.5.6 常用控制语句

1. 条件语句

条件语句就是针对不同的条件执行不同的代码。ActionScript 3.0 提供了 3 个可用来控制程序流的基本条件语句。

（1）if...else

利用if...else语句判断一个可执行条件，如果条件为 true，则执行一个代码块。如果条件为 false，则执行另一个代码块。其格式为：

```
if (condition)
{
statement(s);
}
else
{
statement(s);
}
```

其中，condition 为一个计算结果为 true 或 false 的表达式。statement(s)为符合条件后要执行的代码，若只有一行，可以省略{}。但是，Adobe 建议您始终使用大括号，因为以后如果在缺少大括号的条件语句中添加语句，可能会出现无法预期的行为。例如：

```
if (score>=60)
{
    trace("及格");
}
else
{
    trace("不及格");
}
```

当 score 的值大于 60 时，返回值为 true，执行 trace("及格")，否则执行 trace("不及格")。

注意：else 不能单独使用，必须和 if 配对才可。如果用户只想在条件不满足时不执行操作，

可以省略 else。如:

```
if (score>=60)
{
    trace("及格");
}
```

（2）if…else if

使用 if 和 else if 可以选择性地执行一个或两个代码块，当需要判断多种条件，并且在多个分支中选择执行的代码块的时候，就要用到 else if 关键字。执行时计算条件，并指定当初始 if 语句中的条件返回 false 时要运行的语句。如果 else if 条件返回 true，则 Flash 解释程序运行该条件后面花括号（{}）中的语句。如果 else if 条件为 false，则 Flash 将跳过花括号内的语句，而运行花括号后面的语句。

其格式为:

```
if (condition-1)
{
    statement(s);
}
else if (condition-2)
{
    statement(s);
}
......
else if (condition-n)
{
    statement(s);
}
else
{
statement(s);
}
```

例如:

```
if (score == 100)
{
    trace("A");
}
else if (score>85 && score<100)
{
    trace("B");
}
else if (score>=60 && score<85)
{
    trace("C");
}
else
{
    trace("D");
}
```

当 score 等于 100 的时候执行 trace("A");，当 score 大于 85 并且小于 100 的时候，执行 trace("B");，依次类推，当前面的条件表达式的返回值都是 false 的时候，则执行最后一个 else 中的代码块。如果不需要，else 也可以省略。

另外，根据实际需要，可以在 if 语句中嵌套一个或多个 if 语句。

（3）switch 语句

如果多个执行路径依赖于同一个条件表达式，则 switch 语句非常有用。该语句的功能与一长段 if...else if 系列语句类似，但是更易于阅读。switch 语句不是对条件进行测试以获得布尔值，而是对表达式进行求值并使用计算结果来确定要执行的代码块。代码块以 case 语句开头，以 break 语句结尾。其格式为：

```
switch (expr)
{
case expr1:
    statement(s);
    break;
......
default:
    statement(s);
    break;
}
```

其中，expr 可以是任何表达式，其结果是一个确定的值，statement(s)为符合条件后要执行的代码。执行时，首先计算机 switch 后表达式的值，然后和 case 后面的值比较，若相等就执行 case 后面的代码块，当所有的 case 中的值和表达式的值都不相等时，便执行 default 后面的代码块。break 的作用是使当前程序的执行跳出所在程序块。

例如：

```
switch (number)
{
    case 1 :
        trace("A");
        break;
    case 2 :
        trace("B");
        break;
    default :
        trace("D");
}
```

上面的语句和下面的 if...else if 语句等效。

```
if (number == 1)
{
    trace("A");
}
else if (number == 2)
{
    trace("B");
```

```
}
else
{
    trace("D");
}
```

2. 循环语句

在条件语句中当满足条件的时候便执行代码，但是只执行一次。而在实际编写程序的过程中，有些代码需要重复执行。循环语句就是让用户使用一系列值或变量来反复执行一个特定的代码块。

（1）while 循环

while 循环与 if 语句相似，只要条件为 true，就会反复执行。其格式为：

```
while (condition)
{
statement(s);
}
```

其中，condition 是循环条件。statement(s)是循环体语句。执行时首先计算条件，如果条件计算结果为 true，则在循环返回以再次计算条件之前执行循环体语句。在条件计算结果为 false 后，跳过循环体语句结束循环并继续执行 while 循环后面的下一个语句。切记在循环体语句中一定要有使循环趋于结束的语句或跳出循环体的语句，否则代码将一直执行下去，即所谓的死循环。

例如：下面的代码循环 10 次。变量 i 的值从 0 开始到 9 结束，输出结果是从 0 到 9 的十个数字，每个数字各占一行。

```
var i:int = 0;
while (i < 10)
{
    trace(i);
    i++;
}
```

（2）do…while 循环

do…while 循环是一种 while 循环，但它会先执行循环体语句再进行条件判断，所以至少要执行一次循环体语句。其格式为：

```
do
{
    statement(s);
} while (condition);
```

和 while 语句一样，必须有使循环趋于结束的语句或跳出循环体的语句。

例如：下面的代码显示了在条件不满足时也会生成输出结果：

```
var i:int = 10;
//输出 10
do
{
    trace(i);
```

```
        i++;
} while (i < 10);
```

（3）for循环

for 语句是功能最强大、用法最灵活的循环语句，不仅可以用于循环次数已知的情况，也可以用于循环次数不确定而只给出循环结束条件的情况，可以完全代替 while 语句。其格式为：

```
for (init; condition; next)
{
        statement(s);
}
```

其中，statement(s)是循环体语句；init 是初始表达式用来设置循环变量的初始值；condition 是条件表达式用来判定循环是否继续，若为 true 则继续，否则退出循环；next 是递增表达式用来每次执行完循环语句改变循环变量的值。运行的时候首先对循环变量赋值，然后判断循环条件，当满足条件的时候便执行循环体语句，并执行递增表达式。当不满足条件的时候则跳过循环体，执行后续语句。

例如：下面的代码循环 10 次。输出结果是从 0 到 9 的 10 个数字，每个数字各占 1 行，和 while 中的示例效果一样。

```
for (var i:int = 0; i<10; i++)
{
        trace(i);
}
```

使用 for 语句应该清楚几点：

- init、condition、next 都可以省略，但是分号不能省略，用户可以将它们分开放到 for 的外面或循环体内，只要达到目的并最终退出循环就可以了。

例如：将这三部分从 for 括号中去掉，放到其他位置，同样能实现上面例子的功能，但这是一个极端的例子，只是为了演示 for 的灵活性。

```
var i:int = 0;//初始化变量
for (;;) {;
trace(i);
i++;//修改循环变量的值
//循环结束条件，并通过 break 跳出循环
if (i>=10)
{

        break;

}
}
```

- 在初始表达式和递增表达式中可以使用多个表达式，并用逗号隔开。例如：

```
for (var sum = 0, i = 0, j = 0; i<5; i++, j++)
{
        sum += i+j;
}
trace(sum);//输出 20
```

（4）for...in

for...in 循环访问对象属性或数组元素。其格式为：

```
for (variableIterant in object)
{
statement(s);
}
```

例如，使用 for...in 循环来循环访问对象的属性。

```
var myObj:Object = {myName:"张三丰",myAge:"100 岁"};
for (var i:String in myObj)
{
      trace(i + ": " + myObj[i]);
}
```

输出结果为：

```
myName: 张三丰
myAge: 100 岁
```

还可以循环访问数组中的元素：

```
var myArray:Array = ["one","two","three"];
for (var i:String in myArray)
{
      trace(myArray[i]);
}
```

输出结果为：

```
one
two
three
```

（5）for each...in

for each...in 循环用于循环访问集合中的项，这些项可以是 XML 或 XMLList 对象中的标签、对象属性保存的值或数组元素。其格式为：

```
for each (variableIterant in object)
{
statement(s);
}
```

例如：循环访问通用对象的属性，但是与 for...in 循环不同的是，for each...in 循环中的迭代变量包含属性所保存的值，而不包含属性的名称。

```
var myObj:Object = {myName:"张三丰",myAge:"100 岁"};
for each (var i in myObj)
{
      trace(i);
}
```

输出结果为：

```
100 岁
张三丰
```

可以循环访问数组中的元素：

```
var myArray:Array = ["one","two","three"];
for each (var i in myArray)
```

```
{
        trace(i);
}
```

输出结果为：

```
one
two
three
```

还可以循环访问 XML 或 XMLList 对象，这里不再赘述。

（6）循环的嵌套

我们在使用循环的过程中，一个循环体内可以包含另一个完整的循环结构，这就是循环的嵌套。它可以解决一些比较复杂的问题。

3．break 与 continue 语句

出现在循环内或与 switch 语句中的特定情况相关的语句块内。用来控制循环流程，当在循环中使用时，break 语句用来直接跳出循环，不再执行循环体内的语句。当在 switch 中使用时，break 语句指示 Flash 跳过此 case 块中的其余语句，并跳到包含它的 switch 语句后面的第一个语句。

contiune 语句的结果是停止当前这一轮的循环，直接跳到下一轮的循环，而当前轮次中 continue 后面的语句也不再执行。

8.6　案例：简易计算器的改进——函数

【案例目的】对 8.5 节制作的简易四则计算器进行改进。因为加、减、乘、除运算中都对操作数文本框进行了数据非空和非数字类型的检验，对于这种共同的代码，其实可以编写一个函数，由该函数来进行数据合法性的验证，然后在不同的事件侦听函数中分别调用，这样一来程序看上去就简单多了。

【知识要点】ActionScrip 3.0 中函数的应用。

【案例效果】同 8.5 节示例。

【操作步骤】

编写 valFun()函数，将数据合法性验证的代码写到这个函数里（读者可直接打开资源文件包下 "8 ActionScript 3.0 入门\素材\简易计算器（素材）.fla"，然后在其中做该步骤即可），代码如下：

```
function valFun():Boolean
{
        if (num1_txt.text == "" || num2_txt.text == "")
        {
                result_txt.text = "输入不能为空";
                return false;
        }
```

```
        else if (String(Number(num1_txt.text))=="NaN"||String(Number(num2_txt.text))=="NaN")
        {
                result_txt.text = "请输入数字";
                return false;
        }
        else
        {
                return true;
        }
}
```

改写后的加法运算的代码为：

```
//为按钮注册事件侦听器函数
add_btn.addEventListener(MouseEvent.CLICK,addNum);
//定义的事件侦听函数，用来响应加法按钮的单击事件;
function addNum(me:MouseEvent)
{
        var num1:Number;//定义变量 num1
        var num2:Number;//定义变量 num2
        var result_temp:Number;//定义变量 result_temp
        if (valFun())
        {//调用 valFun()函数，如果为真，则数据合法执行运算
                /*将 num1_txt 文本框中的值存入 num1,因为文本框接收为字符串型，而这里要进行算术运算，所以要将
                  其转换为 Number 类型*/
                num1 = Number(num1_txt.text);
                num2 = Number(num2_txt.text);
                result_temp = num1 + num2;//求和
                //result_temp 的类型为 Number，所以在输出到类型为字符串型的结果文本框时应用 toString()转化成字符串
                result_txt.text = num1_txt.text + "+" + num2_txt.text + "=" + result_temp.toString();
                num1_txt.text = "";//清空操作数 1 文本框
                num2_txt.text = "";//清空操作数 2 文本框
        }
}
```

8.6.1　函数的创建

函数是执行特定任务并可以在程序中重用的代码块。ActionScript 3.0 中有两种函数类型：方法和函数闭包。将函数称为方法还是函数闭包取决于定义函数的上下文。如果将函数定义为类定义的一部分或者将它附加到对象的实例，则该函数称为方法。如果以其他任何方式定义函数，则该函数称为函数闭包。

在 ActionScript 3.0 中可通过两种方法来定义函数：使用函数语句和使用函数表达式。

1．函数语句

函数语句是在严格模式下定义函数的首选方法。其格式为：

```
function 函数名(参数 1:参数类型,参数 2:参数类型…):返回值类型{
函数内部语句;
}
```

其中：

- 函数语句以 function 关键字开头。
- 函数名要符合变量命名规则。
- 用小括号括起来的逗号分隔参数列表，参数和参数类型可选。
- 用大括号括起来的函数体，即在调用函数时要执行的 ActionScript 代码。
- 返回值类型也是可选的。

例如，下面的代码定义了一个求和的有参函数：

```
function sum(num1:int, num2:int,num3:int):int
{
    return num1+num2+num3;
}
trace(sum(1,1,1));//输出：3
```

2. 函数表达式

该方法结合使用赋值语句和函数表达式，函数表达式有时也称为函数字面值或匿名函数。这是一种较为繁杂的方法，在早期的 ActionScript 版本中广为使用。其格式如下：

```
var 函数名:Function=function(参数 1:参数类型,参数 2:参数类型…):返回值类型{
函数内部语句;
}
```

其中，带有函数表达式的赋值语句以 var 关键字开头。指示数据类型的 Function 类，首字母要大写。

将上例用这种方法定义应写成：

```
var sum:Function=function (num1:int, num2:int,num3:int):int
{
return num1+num2+num3;
};
```

您可以根据自己的编程风格（偏于静态还是偏于动态）来选择相应的方法。如果倾向于采用静态或严格模式的编程，则应使用函数语句来定义函数。如果有特定的需求，需要用函数表达式来定义函数，则应这样做。函数表达式更多地用在动态编程或标准模式编程中。原则上，除非在特殊情况下要求使用表达式，否则应使用函数语句。函数语句较为简洁，而且与函数表达式相比，更有助于保持严格模式和标准模式的一致性。

8.6.2　函数的返回值

要从函数中返回值，请使用后跟要返回的表达式或字面值的 return 语句，如前例所示。注意，return 语句会终止该函数，因此，不会执行位于 return 语句下面的任何语句，例如：

```
function doubleNum(num:int):int
{
    return (num * 2);
    trace("return 后的语句");// 该句不会被执行
}
trace(doubleNum(1));//输出：2
```

一个函数中可以有多个 return 语句，执行到哪个 return 就哪一个起作用。另外，retrun 语句后的返回值可以不写，此时返回 undefined。例如：

```
function testReturn()
{
    return ;
}
trace(testReturn());//输出：undefined
```

在严格模式下，如果选择指定返回类型，则必须返回相应类型的值。例如，下面的代码在严格模式下会生成错误，因为它们不返回有效值：

```
function doubleNum(num:int):int
{
    trace("return 后的语句");
}
```

8.6.3　函数的调用

如果函数没有参数，则用函数名加一对空的小括号调用，必须要有小括号，并且括号内一定不能有参数，否则出错。如果是有参的函数，可把要发送给函数的参数都括在小括号中。并且调用时输入参数的数据类型和定义时参数的数据类型要相同,否则当不能强制转换时将出错。例如：

```
function doubleNum(num:int)
{
    trace(num*2);
}
doubleNum("hh");
```

该例因为调用时传递的参数和定义时的数据类型不一致，因此将会出现"String 类型值的隐式强制指令的目标是非相关类型 int"的编译器错误。

最后，用户可以嵌套函数，这意味着函数可以在其他函数内部声明。

8.7　案例：鼠标指针随意变——事件及事件侦听器的应用

【案例目的】将系统默认的指针换成我们自己指定的指针。

【知识要点】ActionScript 3.0 中事件及事件侦听器的应用、为元件绑定类。

【案例效果】效果如图 8-7-1 所示。

图 8-7-1　变成自己指定的指针后的效果

【操作步骤】

（1）打开资源文件包下"8 ActionScript 3.0 入门\素材\鼠标指针随意变（素材）.fla"。库中已经有了一个名为"指针"的影片剪辑元件。

（2）在"库"面板中右击"指针"元件，在弹出的快捷菜单中选择"属性"命令。

（3）在"元件属性"对话框中，展开"高级"选项，做如图 8-7-2 所示的设置，单击"确定"按钮后弹出"ActionScript 类警告"，单击"确定"按钮。

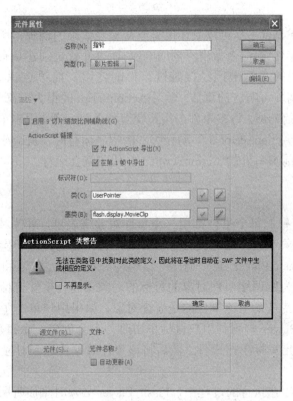

图 8-7-2　设置元件属性

（4）将时间轴的图层命名为"AS"，选择第一帧，打开"动作"面板，在帧上添加代码。

```
import flash.events.Event;
//为舞台 stage 注册事件侦听函数
/*Event.ENTER_FRAME 事件表示播放头进入新帧时调度。
```

如果播放头不移动，或者只有一帧，则会继续以帧频调度此事件。stage 代表舞台对象*/

```
stage.addEventListener(Event.ENTER_FRAME,userPo);
//隐藏指针
Mouse.hide();
//创建元件实例
var uPointer:UserPointer=new UserPointer();
//将实例添加到舞台
addChild(uPointer);
function userPo(ee:Event)
{       uPointer.x = stage.mouseX;//设置实例 x 坐标为舞台的 mouseX
        uPointer.y = stage.mouseY;//设置实例 y 坐标为舞台的 mouseY

}
```

（5）按 Ctrl+Enter 键预览并测试动画效果，将文件保存为"鼠标指针随意变.fla"。

8.7.1　事件

用户利用 ActionScript 3.0 可以制作出有丰富交互效果的动画，所谓交互式动画就是动画在运行过程中能根据用户的命令做出不同的响应。而事件就是创建具有丰富交互功能程序的重要步骤。我们在前面的案例中已经接触过事件的使用。简单点说，事件就是所发生的、ActionScript 能够识别并可响应的事情。学习 ActionScript 的很大一部分是掌握它有哪些事件，以及在事件发生时如何响应。许多事件与用户交互相关联，诸如用户单击某个按钮或按键盘上的某个键等。当含有 ActionScript 3.0 动作脚本的程序运行时，就会坐等某些事情的发生。当发生这些事情时，提前编写好的 ActionScript 3.0 代码就会运行。

8.7.2　事件侦听器

ActionScript 3.0 中的每个事件都用一个事件对象来表示。事件对象是 Event 类或其某个子类的实例。事件对象不但存储有关特定事件的信息，还包含便于操作事件对象的方法。事件对象创建好后，Flash Player 会"调度"该事件对象，这意味着将该事件对象传递给作为事件目标的对象。作为所调度事件对象的目标的对象称为"事件目标"。简单点说，"事件目标"也称为事件源，就是发生该事件的是哪个对象。如果用户单击了某个按钮，该按钮就是那个事件源，Flash Player 检测到用户鼠标单击时，它会创建一个事件对象（MouseEvent 类的实例）以表示该特定鼠标单击事件。然后将该事件对象传递到对应的事件目标对象上对事件进行处理。

但是，交互式程序在执行的过程中，Flash Player 必须时刻侦听所有含有事件的元件才能知道什么时间会引发事先编写好的代码，从而对事件进行处理。在 ActionScript 3.0 中，我们使用事件侦听器"侦听"代码中的事件对象。所谓"事件侦听器"是用户编写的用于响应特定事件的函数或方法。同时，只有将事件侦听器添加到事件目标，或添加到作为事件对象的事件流的一部分显示列表对象上，用户的程序才能真正的响应事件。

编写事件侦听器代码的语法为：

```
function eventResponse(eventObject:EventType):void
{
    //此处是为响应事件而执行的动作
}
eventTarget.addEventListener(EventType.EVENT_NAME, eventResponse);
```

其中，以粗体显示的元素是占位符，由用户根据具体的情况自己填写。

此代码执行两个操作。首先，它定义一个事件侦听函数，这是指定为响应事件而执行动作的方法，eventResponse 是用户自定义的函数名，必须在两个位置更改此内容。eventObject 是函数参数，用户可以选择更改其名称。指定函数参数类似于声明变量，所以还必须指明参数的数据类型 EventType。接下来，调用源对象的 addEventListener()方法，实际上就是为指定事件"注册"该函数，当该事件发生时，执行该函数的动作。eventTarget 是被侦听的目标对象名称。而且必须为要侦听的事件（代码中的 EventType）所调度的事件对象指定相应的类名称，并且必须为特定事件（列表中的 EVENT_NAME）指定相应的常量。

习题 8

一、填空题

1. ActionScript 3.0 的数据类型分为＿＿＿＿＿和＿＿＿＿＿。
2. 要为动画添加 ActionScript 3.0 代码可以添加在＿＿＿＿＿或＿＿＿＿＿。
3. 在 ActionScript 3.0 中可通过＿＿＿＿＿和＿＿＿＿＿方法来定义函数。
4. break 语句的作用是＿＿＿＿＿。
5. 在 ActionScript 3.0 中用来控制程序流的基本条件语句有＿＿＿＿＿、＿＿＿＿＿、＿＿＿＿＿。

二、简答题

1. 简述"动作"面板的作用及组成。
2. 简述 ActionScript 3.0 的通用语法规则。
3. 什么是变量？如何定义变量？
4. 什么是事件？

三、操作题

自定义一个函数名称为 areaC 的函数来计算圆的面积，并将结果显示在相应的文本框中，效果如图 1 所示。

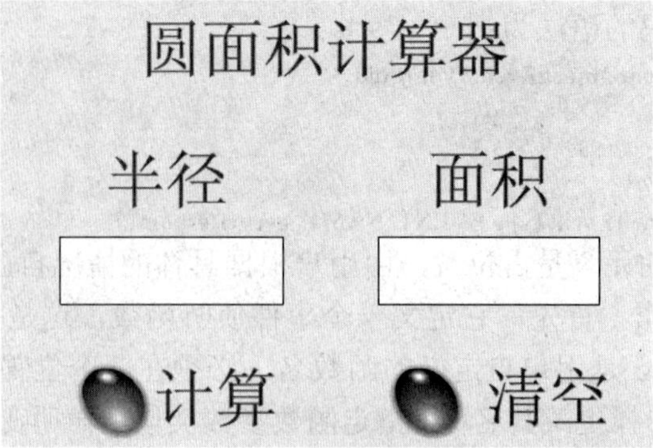

图1　圆面积计算器

9

ActionScript 3.0 提高

学习目标

- 理解 ActionScript 3.0 面向对象编程
- 理解掌握影片剪辑的控制
- 理解掌握日期与时间的控制
- 理解掌握鼠标的控制
- 理解掌握键盘的控制
- 理解掌握声音的控制

重点难点

- 面向对象编程基础知识
- 影片剪辑的控制
- 日期与时间的控制
- 鼠标的控制
- 键盘的控制
- 声音的控制

9.1 案例: Hello ActionScript 3.0!——ActionScript 3.0 面向对象编程基础

【案例目的】定义一个类文件,在.fla 文件中实例化并调用后在"输出"面板中输出 Hello ActionScript 3.0!。

【知识要点】包的定义、类的定义、包的导入。

【案例效果】"输出"面板输出 Hello ActionScript 3.0!，效果如图 9-1-1 所示。

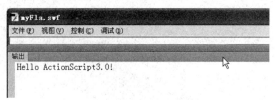

图 9-1-1　效果图

【操作步骤】

（1）单击"文件"→"新建"命令打开"新建文档"对话框，在"常规"选项卡的"类型"列表框中选择"ActionScript 文件"。将该文件命名为"HelloAS.as"并放在"myHello"文件夹下（"myHello"文件夹在"Hello ActionScript 3.0!"文件夹下），然后输入如下代码：

```
package myHello
{
    public class HelloAS
    {
        public function myShow()
        {
            trace("Hello ActionScript 3.0!");
        }
    }
}
```

（2）新建一个 Flash 文档（ActionScript 3.0），将该文件放在"Hello ActionScript 3.0!"文件夹下，并保存为"myFla.fla"。打开"动作"面板输入如下代码：

```
import myHello.HelloAS;//该句也可以写成 import myHello.*;
var myH:HelloAS=new HelloAS();
myH.myShow();
```

因为.fla 文件和.as 文件不在同一文件夹，所以定义包时要将包路径写成.as 文件所在文件夹的名字 myHello。如果将二者放在同目录下，则 package 后包路径是不需要的，然后在导入时直接写成 import HelloAS;就可以了。

（3）按 Ctrl+Enter 键预览并测试动画效果，会弹出一个 Flash Player 窗口和一个"输出"面板。

9.1.1　什么是面向对象编程

面向对象编程（Object-Oriented Programming，OOP）就是采用将程序中的代码分组到对象中的方式来组织代码。面向对象编程思想更加符合人类的思维习惯，能够非常自然地表现真实世界中的实体和问题，程序设计也因为采用了面向对象思想而变得更加易读和维护，在很大程度上提高了代码的重用性。ActionScript 3.0 是完全标准的面向对象的编程语言。

9.1.2　类与对象

对象是客观世界中的一个个实体，比如说一辆汽车、一个人、一棵树等都可以称作对象。

对象都有其特性和行为，比如说，人有身高、体重、年龄、性别等，这些特性也称为属性；人会吃饭、睡觉、行走等，这些被称做行为，体现在面向对象编程语言中时就被称为方法，是对象所具有的方法。把属性和方法放在一起，作为一个相互依存的整体就形成了对象。

世界上所有的人（每个人都是一个对象）都具有类似属性和行为，那么就把这些对象抽象成一个类——人类。所以说类描述了一组具有相同特性（属性）和相同行为（方法）的对象，它是对象的抽象表示形式。而对象是类的实例，也就是说对象是用类声明的变量，比如说一个叫张三的人就是人类的一个实例。

在 ActionScript 3.0 中，每个对象都是由类定义的。可将类视为某一类对象的模板或蓝图。类定义中可以包括变量和常量以及方法，前者用于保存数据值，后者是封装绑定到类的行为的函数。ActionScript 3.0 中包含许多已经设计好的核心类，我们后续将会讲解部分使用率高的核心类。除了这些核心类之外，可以自定义类，在自定义类中也可以使用核心类中的方法。

自定义类的一般格式如下：

```
package 包路径{
    import .../导入要使用的类
    修饰符 class 类名{
        //属性
        //方法
    }
}
```

说明：修饰符可以是 public（对所有位置的引用可见）、internal（默认，对当前包内的引用可见）、dynamic（允许在运行时向实例添加属性）、final（不得由其他类扩展）。但是，在使用 internal 以外的其他属性时，要显式使用该属性才能实现相关的行为。因为 ActionScript 3.0 不支持抽象类，所以没有 abstract 的属性。private 和 protected 的属性只在类定义中使用，不能应用于类本身。如果不希望某个类在包以外公开可见，用户可以将该类放在包中，并用 internal 属性标记该类。另一种方法是省略 internal 和 public，编译器会自动为程序添加 internal 属性。

用大括号来定义类体，在类体中定义类的变量、常量和方法。ActionScript 3.0 允许在类体中包括语句。但是，这些在方法定义之外写的位于类体内的语句，只在遇到类定义并创建关联的类对象时执行一次。类体中的方法也称为类的函数，它对类中的属性进行操作。对方法的定义形式与前面所讲的自定义函数一样。在类体中可以使用 public（对所有位置的引用可见）、protected（对同一类及派生类中的引用可见）、private（对同一类中的引用可见）、internal（默认，对同一包中的引用可见）等关键字进行修饰。

类的定义只能写在外部.as 文件中，而不能写在帧上，并且在保存类.as 文件时，文件名要与文件内定义的类名相同。建议把写有类定义的.as 文件和使用该类的.fla 文件保存在同一目录下。

9.1.3　包和命名空间

1．包的定义

包是用来组织类文件的，用户可以把用途不同的类组织在不同的包中，实现类文件的分类管理。

定义包的一般格式如下：

```
package 包路径{
    //类定义
}
```

包路径为定义的类存储的路径，定义过类之后，这个类就要存储在这个路径的目录下，否则编译器就会报错。如果省去包路径，则意味着是当前目录。包路径用点语法表示，例如：flash.text 包中包含用于处理文本字段、文本格式、文本度量、样式表和布局的类。

2．导入包

如果用户要使用位于某个包内的类，则必须导入该类文件所在的包。例如：我们要导入flash.text 包中的类。方式有两种：

（1）知道要导入包中的哪个类，直接导入就好。

例如：我们要使用 flash.text 包中的TextField类。

```
import flash.text. TextField;
```

（2）不知道要导入哪个类，可以使用通配符导入整个包。

```
import flash.text. *;
```

当然，import 语句导入的类越具体越好。另外，如果多个类在同一个包中，则这些类在互相使用时，是不需要导入的，直接用就可以了。

注意：类的名称统一用大写字母开头，包名统一用小写字母。

命名空间的作用是用来控制标识符（如属性名和方法名）的可见性。无论命名空间位于包的内部还是外部，都可以应用于代码。限于篇幅，这里不再赘述。

9.1.4　继承

继承是面向对象编程中最重要的一个特征。利用它可以实现代码重用。被继承的类称为基类、父类或超类，继承出来的类称为子类。子类能继承父类的属性和方法，也能根据自己的特性实现与其他类相区别的属性和方法。在定义一个子类时，要使用 extends 关键字。其语法格式如下：

```
class 子类名 extends 父类名{
        //类体
    }
```

9.2　案例：浪漫雪花——影片剪辑的控制

【案例目的】通过 AS 代码制作随意飘散的雪花，营造漫天大雪的效果。

【知识要点】利用引导层制作雪花飘落影片剪辑、为元件绑定类、随机数的生成、影片剪辑相关的属性设置。

【案例效果】漫天飘散的雪花，效果如图 9-2-1 所示。

图 9-2-1　雪花飘落的效果

【操作步骤】

（1）新建一个 Flash 文档（ActionScript 3.0）。将图层 1 重命名为"背景"，导入"雪景"图片到舞台上并将其大小设为与舞台相同的 550×400 像素。

（2）创建名为"雪花"的图形元件，在元件编辑状态下绘制白色的雪花形状，大小为 10×10 像素。

（3）创建名为"雪花飘落"的影片剪辑元件，在元件编辑状态下制作一个雪花飘落的引导层动画（读者可直接打开资源文件包下"9 ActionScript 3.0 提高\素材\浪漫雪花（素材）.fla"，然后在其中做余下步骤即可）。

（4）右击"库"面板中的"雪花飘落"影片剪辑元件，选择"属性"命令，在弹出的"元件属性"对话框中，展开"高级"选项，做如图 9-2-2 所示的设置，单击"确定"按钮后弹出"ActionScript 类警告"，再单击"确定"按钮。

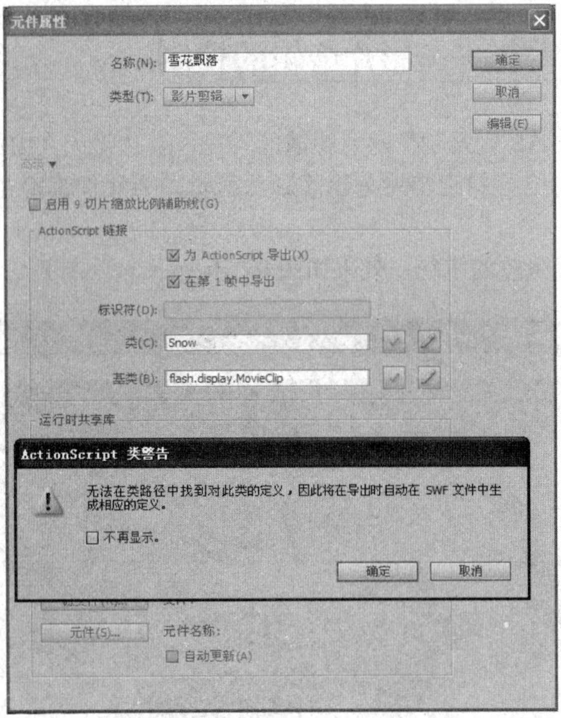

图 9-2-2　设置元件属性

（5）新建一层，命名为"AS"。选择第一帧，打开"动作"面板，在帧上添加代码。

```
//定义雪花数量
var snowNum:int = 1;
addEventListener(Event.ENTER_FRAME,fun);
function fun(e:Event)
{//复制出 100 个雪花
    if (snowNum<100)
    {
        var snow_mc:MovieClip=new Snow();
        snow_mc.name = "Snow" + snowNum;
        snow_mc.x = Math.random() * 550;
        snow_mc.y = Math.random() * 300;
        snow_mc.scaleX = Math.random() * 0.5 + 0.5;
        snow_mc.scaleY = Math.random() * 0.5 + 0.5;
        snow_mc.alpha = 0.3 + 0.6 * Math.random();
        snowNum++;
        addChild(snow_mc);
    }
}
```

其中，Math.random()是返回一个伪随机数 n($0 \leqslant n < 1$)。

（6）按 Ctrl+Enter 键预览并测试动画效果，将文件保存为"浪漫雪花.fla"。

9.2.1　影片剪辑的基本属性控制

在 Flash CS6 中，影片剪辑元件是最常用的元件之一，因为它有着自己的时间轴，在它的时间轴的帧上面也可以包含不同的内容，所以影片剪辑有着非常重要的作用。我们可以通过在主时间轴上添加 AS 语句来完成对影片剪辑的控制，也可以通过外部的类文件来控制影片剪辑，从而实现设计与开发的分离。

首先，用户可以通过设置影片剪辑的一些常用属性来实现对影片剪辑的控制。

1. visible

用来设置影片剪辑的可见性。true 表示可见，false 表示不可见。例如，舞台上有一个影片剪辑实例 bird_mc，如果表示该影片剪辑在舞台上不可见就要在主时间轴上写如下代码：

```
bird_mc.visile=false;
```

2. alpha

用来设置影片剪辑的透明度。有效值为 0（完全透明）到 1（完全不透明），默认值为 1。例如，如果表示该影片剪辑在舞台的透明度为 20%就要在主时间轴上写如下代码：

```
bird_mc.alpha=0.2;
```

3. rotation

用来设置影片剪辑距其原始方向的旋转程度，以度为单位。从 0 到 180 的值表示顺时针方向旋转；从-180 到 0 的值表示逆时针方向旋转。对于此范围之外的值，可以通过加上或减去 360 获得该范围内的值。例如，bird_mc.rotation = 450 语句与 bird_mc.rotation = 90 是相同的。

4. name

表示影片剪辑的实例名称。例如：

```
trace(bird_mc.name);//输出 bird_mc
```

5. x,y

用来设置影片剪辑的坐标值，以像素为单位。如果影片剪辑在主时间轴上，那么它的参照点是舞台的左上角(0,0)。如果影片剪辑包含在另一个影片剪辑中，那么该影片剪辑就处在父影片剪辑的本地坐标系中，它的坐标参照变形点的位置。

6. height,width

用来设置影片剪辑的高度和宽度，以像素为单位，且值为正。

7. scaleX,scaleY

用来设置从影片剪辑注册点被应用的影片剪辑在水平和垂直方向的缩放比例（1.0 等于 100% 缩放）。默认注册点为 (0,0)，缩放本地坐标系将影响以整像素为单位定义的 x 和 y 的属性设置。例如，父影片剪辑元件缩放了 50%，则设置在影片剪辑中的移动对象的 x、y 属性的像素数是缩放前的 50%。

8. mouseX,mouseY

指示鼠标光标的水平和垂直坐标位置，以像素为单位。如果在主时间轴中使用，代表鼠标光标相对于舞台左上角的坐标位置。如果在影片剪辑中使用，就代表相对于该影片剪辑注册点的坐标位置。另外，鼠标光标的位置的范围与影片播放边界的位置有关而与影片中设置的场景大小无关。例如，如果要跟踪舞台上的鼠标光标位置可以在主时间轴上写如下代码。

```
stage.addEventListener(MouseEvent.CLICK,showPos);//为舞台添加鼠标单击事件
function showPos(e:MouseEvent) {
    trace("当前鼠标光标的水平和垂直位置为：("+this.mouseX+","+this.mouseY+")");
}
```

9.2.2　影片剪辑的播放控制

我们除了可以控制影片的主时间轴之外，因为影片剪辑有自己的时间轴，所以用户还可以在影片播放过程中控制影片剪辑实例的播放、停止、前进、后退等。通过以下这些操作，不仅可以控制主时间轴的播放流程和顺序，还可以控制影片剪辑的播放流程和顺序，从而实现了多样的动画要求。

1.　play()

控制播放头开始播放。如果该语句直接写在主时间轴上指的是让主时间轴开始播放，如果在主时间轴上写：影片剪辑实例名.play();或直接写在影片剪辑元件的时间轴上，则指的是让影片剪辑的时间轴开始播放，以下各语句与此类似。

2.　stop()

控制播放头停止播放。

3.　gotoAndPlay(帧数或帧标签,场景)

控制播放头从指定的帧开始播放。场景是可选的参数，如果省略，则表示使用当前场景。否则表示跳到指定场景的帧开始播放。例如：

```
gotoAndPlay(20);//跳到当前场景第 20 帧开始播放
gotoAndPlay("start"); //跳到当前场景中帧标记为 "start" 的帧开始播放
```

4.　gotoAndStop(帧数或帧标签,场景)

控制播放头跳到指定的帧但并不播放。场景是可选的参数，如果省略，则表示使用当前场景，否则表示跳到指定场景的帧。

5.　nextFrame()

控制播放头跳到下一帧并停止。

6.　prevFrame()

控制播放头跳到上一帧并停止。

9.2.3　影片剪辑的复制与删除

我们可以通过复制粘贴或者直接拖放影片剪辑元件到舞台上的方式来创建多个影片剪辑实例，但当影片剪辑实例需要非常多并且复制个数不确定的情况下，比如漫天飞舞的雪花等效果时，我们就要利用 AS 语句来完成影片剪辑的复制了。

当我们把一个影片剪辑元件拖放到舞台上时就创建了一个影片剪辑的实例。因此，如果

要在舞台上复制多个影片剪辑就可以通过创建多个影片剪辑实例来实现；要删除舞台上的一个影片剪辑，就是删除一个影片剪辑的实例。

1. addChild()

该方法可以将一个显示对象添加到容器对象中去。我们可以采用这个方法来实现影片剪辑的复制。所谓容器对象就是其中可以放入其他对象。其语法格式为：

```
容器对象.addChild(显示对象);
```

2. addChildAt()

该方法可以将一个显示对象添加到容器对象中去，并指定该显示对象在容器中的显示索引位置。其语法格式为：

```
容器对象.addChildAt(显示对象, 索引位置);
```

3. removeChild()

该方法用来删除容器对象中指定的显示对象。我们可以采用这个方法来删除影片剪辑。其语法格式为：

```
容器对象.removeChild(显示对象);
```

4. removeChildAt()

该方法按指定的索引位置删除容器中的显示对象。其语法格式为：

```
容器对象.removeChildAt(索引位置);
```

例如，已经定义好了 Circle 类代表圆形，我们现在想在舞台上添加多个圆，就可以通过以下代码来实现。

```
//创建 Circle 类的对象 c1、c2
var c1:Circle=new Circle();
var c2:Circle=new Circle();
//设置对象 c1、c2 的位置
c1.x=100
c1.y=200;
c2.x=150
c2.y=200;
//将对象 c1、c2 添加到舞台
addChild(c1);
addChild(c2);
//删除对象 c1
removeChild(c1);
```

9.2.4　影片剪辑的拖放

1. startDrag()

通过该方法允许用户拖动指定的影片剪辑对象。一旦影片剪辑对象被拖动将一直保持可拖动状态，直到通过调用 stopDrag()方法来明确停止，或直到其他影片剪辑对象被拖动为止。在同一时间只有一个影片剪辑对象是可拖动的。其语法格式为：

```
影片剪辑对象.startDrag(锁定位置,拖动范围);
```

其中，锁定位置为 true 时表示可拖动的影片剪辑对象锁定到鼠标位置中央，为 false 表示锁定到用户首次单击该影片剪辑对象时所在的点上，可选参数，没有默认为 false。拖动范围用来为影片剪辑对象指定一个矩形范围，可选参数，没有默认为不设定拖动范围。

2．stopDrag()

该方法停止通过 startDrag()方法拖动的影片剪辑对象，该方法无参数，其语法格式为：

```
影片剪辑对象.stopDrag();
```

9.3　案例：时尚挂钟——日期与时间的控制

【案例目的】通过 ActionScript 代码制作一个时尚挂钟，可以显示日期和时间。

【知识要点】Date 类、Timer 类的使用。

【案例效果】和系统时间一致的挂钟，效果如图 9-3-1 所示。

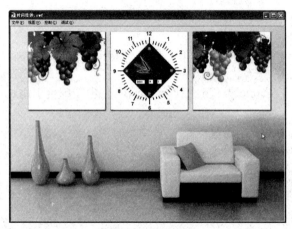

图 9-3-1　挂钟效果

【操作步骤】

（1）新建一个 Flash 文档（ActionScript 3.0），设置舞台大小为 890×620 像素。将图层 1 重命名为"背景"，导入"背景"图片到舞台上并将其大小设为与舞台相同的 890×620 像素。

（2）新建一层命名为"表盘"，导入"表盘"图片到舞台上并调整大小放到合适位置，然后在四角加上"恭喜发财"的文字装饰。

（3）导入"圆点"图片到库中。

（4）创建名为"时针"、"分针"、"秒针"、"圆点"的影片剪辑元件。在元件编辑状态下绘制"时针"、"分针"、"秒针"、"圆点"的图案，并为表针添加发光的滤镜效果。

（5）新建"表针"图层，将制作好的表针放到表盘上并调整其位置和旋转点，实例名称为 hour_mc、minute_mc、second_mc。

（6）新建"轴心"图层，将圆点影片剪辑放到表针交汇处。

（7）新建"文字"图层，制作 3 个动态文本和"年月日"的静态文本，动态文本要显示边框，其实例名称为 year_txt、month_txt、day_txt（读者可直接打开资源文件包下"9 ActionScript 3.0 提高\素材\时尚挂钟（素材）.fla"，然后在其中做余下步骤即可）。

（8）新建一层，命名为"AS"。选择第一帧，打开"动作"面板，在帧上添加代码。

```
//创建 Timer 类的对象
var myTime:Timer = new Timer(1000);
myTime.addEventListener(TimerEvent.TIMER,fun);
//启动计时器;
myTime.start();
function fun(event:TimerEvent):void
{
        //创建 Date 类的对象
        var myDate:Date = new Date();
        //从 Data 对象中获取各种时间单位的值
        var myY = myDate.getFullYear();
        var myMonth = myDate.month + 1;
        var myD = myDate.date;
        var myH = myDate.getHours();
        var myMinute = myDate.minutes;
        var myS = myDate.seconds;
        //控制输出日期信息
        year_txt.text = myY.toString();
        month_txt.text = myMonth.toString();
        day_txt.text = myD.toString();
        //设置指针旋转角度
        hour_mc.rotation = myH%12*30+int(myMinute/2);
        minute_mc.rotation= myMinute*6+int(myS/10);
        second_mc.rotation = myS * 6;
}
```

（9）按 Ctrl+Enter 键预览并测试动画效果，将文件保存为"时尚挂钟.fla"。

9.3.1　Date 类

Flash 动画中经常会需要日期和时间。在 ActionScript 3.0 中，Date 类用来表示日期和时间信息，它是一个顶级类。该类的实例表示某一时刻（即一个特定时间点），也可以查询或修改该时间点的属性。每一个 Date 类的对象中都可以记录一个精确到毫秒的日期信息。

1. 创建 Date 类的对象

要创建 Date 类的对象就要使用其构造函数，创建的 Date 对象根据传递参数的数目和数据类型来创建日期。语法格式如下：

```
Date(yearOrTimevalue:Object, month:Number, date:Number = 1, hour:Number = 0, minute:Number = 0, second:Number = 0, millisecond:Number = 0)
```

参数说明：

● yearOrTimevalue:Object：如果构造函数中指定了其他参数，则此数字表示年份（如 2013）；否则，该参数表示时间值。如果该数字表示年份，则 0～99 之间的值表示 1900～

　　1999 年；否则，必须指定表示年份的所有 4 位数字。如果该数字表示时间值（未指定任何其他参数），则为 GMT 时间 1970 年 1 月 1 日 0:00:00 之前或之后的毫秒数；负值表示 GMT 时间 1970 年 1 月 1 日 0:00:00 之前的某个时间，而正值表示该时间之后的某个时间。

- month:Number：0（一月）～11（十二月）之间的一个整数。
- date:Number (默认值为 1)：1～31 之间的一个整数。
- hour:Number (默认值为 0)：0（午夜）～23（晚上 11 点）之间的一个整数。
- minute:Number (默认值为 0)：0～59 之间的一个整数。
- second:Number (默认值为 0)：0～59 之间的一个整数。
- millisecond:Number (默认值为 0)：0～999 之间的一个整数（毫秒）。

构造函数的使用：

（1）如果未传递参数，则按照用户所在时区赋予 Date 对象当前日期和时间。例如：

```
//创建 Date 类的对象
var myDate:Date=new Date();
trace(myDate);//Sun Nov 17 21:39:20 GMT+0800 2013
```

　　注意：本方法创建的时间以本机时间为准，如果本机时间错误那么 Date 对象的时间也是错误的。

　　（2）如果传递一个 Number 数据类型的参数，将视为自 GMT 时间 1970 年 1 月 1 日 0:00:000 以来经过的毫秒数赋予 Date 对象一个时间值。例如：

```
//定义时间间隔为一天的时间
var num:Number=24*60*60*1000;
//创建一个表示从 1970 年 1 月 1 日后又过了一天时间的 Date 类的对象
var myDate:Date=new Date(num);
trace(myDate);//Fri Jan 2 08:00:00 GMT+0800 1970
```

　　（3）如果传递一个 String 数据类型的参数，并且该字符串包含一个有效日期，则 Date 对象生成基于该日期的时间值。此时日期可以有多种格式，但必须至少包括月、日和年。

```
var myDate:Date=new Date("Tue Feb 1 2013");
trace(myDate);//Fri Feb 1 00:00:00 GMT+0800 2013
```

　　（4）如果传递两个或更多个参数，则基于传递的参数值赋予 Date 对象一个时间值，该时间值表示日期的年、月、日、小时、分钟、秒和毫秒。

```
var myDate:Date=new Date(2013,11,1,12,16,59);
trace(myDate);//Sun Dec 1 12:16:59 GMT+0800 2013
```

　　2. 常用属性

用户可以通过属性来从 Data 对象中获取各种时间单位的值。常用属性有：

- date:Number：返回 Date 对象所指定的月中某天的值，范围为 1～31 之间的整数。
- day:Number：返回 Date 对象所指定的星期值，范围为 0～6 之间的整数，其中 0 代表星期日，1 代表星期星期一，依此类推）。
- fullYear:Number：返回 Date 对象中的完整年份值，用 4 位数表示，例如 2013。

- hours:Number——返回 Date 对象中一天的小时值，范围为 0～23 之间的整数。
- milliseconds:Number：返回 Date 对象中的毫秒值，范围为 0～999 之间的整数。
- minutes:Number：返回 Date 对象的分钟值，范围为 0～59 之间的整数。
- month:Number：返回 Date 对象的月份值，范围为 0～11 之间的整数，其中 0 代表一月，1 代表二月，依此类推。
- seconds:Number：返回 Date 对象的秒值，范围为 0～59 之间的整数。
- time:Number：返回 Date 对象中自 1970 年 1 月 1 日午夜（通用时间）以来的毫秒数。

例如：

```
//创建 Date 类的对象
var myDate:Date=new Date();
trace(myDate);//Sun Nov 17 22:35:00 GMT+0800 2013
trace(myDate.date);//17
trace(myDate.day);//0
trace(myDate.fullYear);//2013
trace(myDate.hours);//22
trace(myDate.milliseconds);//734
trace(myDate.minutes);//35
trace(myDate.seconds);//0
trace(myDate.time);//1384698900734
```

3. 常用方法

用户也可以通过方法来从 Data 对象中获取各种时间单位的值或对时间值进行设置。常用方法有：

- getDate():Number：返回 Date 对象所指定的月中某天的值，范围为 1～31 之间的整数。
- getDay():Number：返回 Date 对象所指定的星期值，范围为 0～6 之间的整数（其中 0 代表星期日，1 代表星期星期一，依此类推）。
- getFullYear():Number：返回 Date 对象中的完整年份值，用 4 位数表示，例如 2013。
- getHours():Number：返回 Date 对象中一天的小时值，范围为 0～23 之间的整数。
- getMilliseconds ():Number：返回 Date 对象中的毫秒值，范围为 0～999 之间的整数。
- getMinutes():Number：返回 Date 对象的分钟值，范围为 0～59 之间的整数。
- getMonth():Number：返回 Date 对象的月份值，范围为 0～11 之间的整数，其中 0 代表一月，1 代表二月，依此类推。
- getSeconds():Number：返回 Date 对象的秒值，范围为 0～59 之间的整数。
- getTime():Number：返回 Date 对象中自 1970 年 1 月 1 日午夜（通用时间）以来的毫秒数。
- setDate(day:Number):Number：按照本地时间设置月中的某天，并以毫秒为单位返回新时间。
- setFullYear(year:Number, month:Number, day:Number):Number：按照本地时间设置年、月、日的值，并以毫秒为单位返回新时间。

- setHours(hour:Number, minute:Number, second:Number, millisecond:Number):Number：按照本地时间设置时、分、秒、毫秒的值，并以毫秒为单位返回新时间。
- setMilliseconds(millisecond:Number):Number：按照本地时间设置毫秒值，并以毫秒为单位返回新时间。
- setMinutes(minute:Number, second:Number, millisecond:Number):Number：按照本地时间设置分、秒、毫秒的值，并以毫秒为单位返回新时间。
- setMonth(month:Number, day:Number):Number：按照本地时间设置月份值以及（可选）日期值，并以毫秒为单位返回新时间。
- setSeconds(second:Number, millisecond:Number):Number：按照本地时间设置秒、毫秒值，并以毫秒为单位返回新时间。
- setTime(millisecond:Number):Number：以毫秒为单位设置自 1970 年 1 月 1 日午夜以来的日期，参数为正数时表示该日期以后的日期，否则表示之前的日期，并以毫秒为单位返回新时间。

```
var myDate:Date = new Date(1974, 10, 30, 1, 20);
trace(myDate); //Sat Nov 30 01:20:00 GMT+0800 1974
trace(myDate.getFullYear()); //1974
//重新设置
myDate.setFullYear(2013,11,11);
trace(myDate.getFullYear()); //2013
trace(myDate.getMonth()); //11
trace(myDate.getDate()); //11
```

9.3.2　Timer 类

用户可以使用该类在一定延迟后执行动作，或按重复间隔执行动作。**Timer** 类被定义在 flash.utils 包中，每个 Timer 类的对象都可以作为一个独立的计时器来用。但是计时器不会自动启动，用户必须通过调用 start()方法来启动它。

1．创建 Timer 类的对象

要创建 Timer 类的对象就要使用其构造函数，语法格式如下：

```
Timer(delay:Number, repeatCount:int = 0)
```

参数说明：

- delay:Number：计时器事件间的延迟，单位为毫秒。
- repeatCount:int（默认值为 0）：指定重复次数。如果为 0，则计时器重复无限次数。如果不为 0，则将运行计时器，运行次数为指定的次数，然后停止。

2．常用属性

- currentCount:int：计时器从 0 开始后触发的总次数。如果重置了计时器，则只会计入重置后的触发次数。
- delay:Number：计时器事件间以毫秒为单位的延迟。如果在计时器正在运行时设置延迟间隔，则计时器将按相同的重复次数重新启动。

- repeatCount:int：设置的计时器运行总次数。如果重复次数为 0，则计时器将持续不断运行，直至调用了 stop()方法或程序停止。如果不为 0，则将运行计时器，运行次数为指定的次数。如果设置的重复次数等于或小于当前执行的次数，则计时器将停止并且不会再次触发。
- running:Boolean：计时器的当前状态。如果计时器正在运行，则为 true，否则为 false。

3. 常用方法

- reset():void：如果计时器正在运行，则停止计时器，并将当前执行次数设为 0，这类似于秒表的重置按钮。
- start():void：启动计时器。
- stop():void：停止计时器。如果在调用 stop()后调用 start()，则将继续运行计时器实例，运行次数为剩余的重复次数。

4. 常用事件

- timer：每当 Timer 对象达到根据 delay 属性指定的间隔时调度。
- timerComplete：每当它完成 repeatCount 设置的执行次数后调度。

9.3.3　TimerEvent 类

只要 Timer 对象达到 Timer.delay 属性指定的间隔，Flash Player 就调度 TimerEvent 对象。也就是说，对 Timer 类中的事件进行管理的是事件类 TimerEvent，它定义了两个公共常量：

- TIMER:String = "timer"：定义 timer 事件对象的 type 属性值。
- TIMER_COMPLETE:String = "timerComplete"：定义 timerComplete 事件对象的 type 属性值。

例如：

```
//导入包
import flash.utils.Timer;
import flash.events.TimerEvent;
//创建 Timer 类的对象
var myTimer:Timer = new Timer(1000,3);
//启动计时器
myTimer.start();
//也可以把"timer"写成 TimerEvent.TIMER;
myTimer.addEventListener(TimerEvent.TIMER, timer_Handler);
//也可以把"timerComplete"写成 TIMER_COMPLETE ;
myTimer.addEventListener("timerComplete", timer_Complete_Handler);
function timer_Handler(event:TimerEvent):void
{//显示到目前为止的时间计数
    trace("timer 事件被触发" + event.target.currentCount+"次");
}
function timer_Complete_Handler(event:TimerEvent):void
{
```

```
        trace("timer_Complete 事件被触发");
}
```

该程序段的执行结果如图 9-3-2 所示。

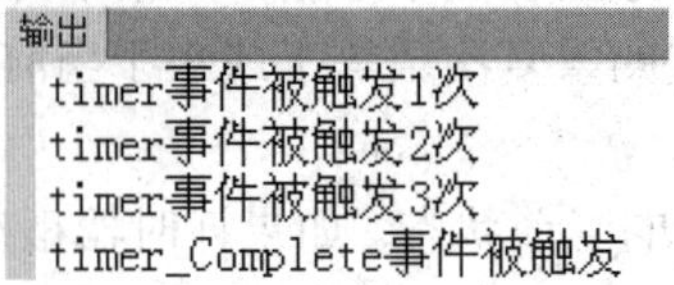

输出
```
timer事件被触发1次
timer事件被触发2次
timer事件被触发3次
timer_Complete事件被触发
```

图 9-3-2　运行结果

9.4　案例：水果课堂——鼠标的控制

【案例目的】通过 ActionScript 代码制作一个帮助小朋友认识水果的动画。

【知识要点】鼠标事件、动态文本的应用。

【案例效果】根据屏幕上随机显示的字符，按下键盘上的按键，并根据对错做出不同的提示，效果如图 9-4-1 所示。

图 9-4-1　指针移到水果上的效果

【操作步骤】

（1）新建一个 Flash 文档（ActionScript 3.0）。将图层 1 重命名为"背景"，导入"雪景"图片到舞台上并将其大小设为与舞台相同的 598×466 像素。

（2）创建名为"圆圈"的影片剪辑元件，在元件编辑状态下制作一个圆圈图案。然后将该影片剪辑添加到舞台上并为其添加"模糊"和"发光"的滤镜效果。调整大小后在背景图上添加如图 9-4-1 所示效果。

（3）导入"桔子"、"香蕉"、"苹果"、"草莓"、"菠萝"图片。

（4）新建"桔子"、"香蕉"、"苹果"、"草莓"、"菠萝"的影片剪辑，在元件编辑状态下，对图片进行打散操作，利用"套索工具"的"魔术棒"按钮去除水果图片的背景。

（5）新建"水果"层，将水果影片剪辑放到舞台合适位置并调整大小，实例名称分别为：zj_mc、bl_mc、xj_mc、pg_mc、cm_mc。

（6）新建"文字"层，输入静态的提示信息。创建一个无边框的动态文本，实例名称为show_txt。（读者可直接打开资源文件包下"9 ActionScript 3.0 提高\素材\水果课堂（素材）.fla"，然后在其中做余下步骤即可）

（7）新建一层，命名为"AS"。选择第一帧，打开"动作"面板，在帧上添加代码。

```
import flash.events.MouseEvent;
//为影片剪辑注册事件侦听函数
jz_mc.addEventListener(MouseEvent.MOUSE_OVER,over1);
jz_mc.addEventListener(MouseEvent.MOUSE_OUT,outFun);
bl_mc.addEventListener(MouseEvent.MOUSE_OVER,over2);
bl_mc.addEventListener(MouseEvent.MOUSE_OUT,outFun);
xj_mc.addEventListener(MouseEvent.MOUSE_OVER,over3);
xj_mc.addEventListener(MouseEvent.MOUSE_OUT,outFun);
pg_mc.addEventListener(MouseEvent.MOUSE_OVER,over4);
pg_mc.addEventListener(MouseEvent.MOUSE_OUT,outFun);
cm_mc.addEventListener(MouseEvent.MOUSE_OVER,over5);
cm_mc.addEventListener(MouseEvent.MOUSE_OUT,outFun);

function over1(e:MouseEvent)
{
    show_txt.text = "桔子";
}
function over2(e:MouseEvent)
{
    show_txt.text = "菠萝";
}
function over3(e:MouseEvent)
{
    show_txt.text = "香蕉";
}
function over4(e:MouseEvent)
{
    show_txt.text = "苹果";
}
function over5(e:MouseEvent)
{
    show_txt.text = "草莓";
}
function outFun(e:MouseEvent)
{
    show_txt.text = "";
}
```

（8）按 Ctrl+Enter 键预览并测试动画效果，将文件保存为"水果课堂.fla"。

9.4.1　Mouse 类

Mouse 类是一个顶级类，用户不能创建该类的对象，只能用类名直接调用类中定义的方法。在 ActionScript 3.0 中已经将大部分与鼠标有关的属性、函数和事件分布在其他相关类中。比如，与鼠标相关的操作事件都放到了 MouseEvent 类中来统一管理；与鼠标相关的部分属性有的放到了 DisplayObject 类中，而在 Mouse 类中仅定义了两个公共的方法。

- hide():void：隐藏指针。
- show():void：显示指针。

注意：默认情况下，指针是可见的。

9.4.2　MouseEvent 类

在 ActionScript 3.0 中，任何对象都可以通过 addEventListener 注册鼠标事件。与鼠标相关的操作事件都属于 MouseEvent 类。若在类中定义鼠标事件，则需要先引入 flash.events.MouseEvent 类。该类中常用的公共常量有：

- CLICK:String = "click"：定义 click 事件对象（鼠标单击事件）的 type 属性值。
- DOUBLE_CLICK:String = "doubleClick"：定义 doubleClick 事件对象（鼠标双击事件）的 type 属性值。
- MOUSE_DOWN:String = "mouseDown"：定义 mouseDown 事件对象（鼠标左键按下事件）的 type 属性值。
- MOUSE_MOVE:String = "mouseMove"：定义 mouseMove 事件对象（鼠标光标在对象内移动事件）的 type 属性值。
- MOUSE_OUT:String = "mouseOut"：定义 mouseOut 事件对象（鼠标光标移出对象事件）的 type 属性值。
- MOUSE_OVER:String = "mouseOver"：定义 mouseOver 事件对象（鼠标光标移入对象事件）的 type 属性值。
- MOUSE_UP:String = "mouseUp"：定义 mouseUp 事件对象（鼠标左键弹起事件）的 type 属性值。
- MOUSE_WHEEL:String = "mouseWheel"：定义 mouseWheel 事件对象（鼠标滚轮滚动事件）的 type 属性值。

注意：在使用的过程中要注意有时在触发某个事件时同时还会引发其他事件。例如，我们做一个按钮元件并把它拖放到舞台上实例名称为 my_btn，然后在"动作"面板中写如下代码：

```
// MouseEvent.CLICK 也可以写成"click"
my_btn.addEventListener(MouseEvent.CLICK, clickHandler); function clickHandler(event:MouseEvent):void
{
    trace("鼠标单击");
```

```
}
// MouseEvent.MOUSE_DOWN 也可以写成"mouseDown"
my_btn.addEventListener(MouseEvent.MOUSE_DOWN, dowmHandler);
function dowmHandler(event:MouseEvent):void
{
    trace("鼠标按下");
}
//MouseEvent.MOUSE_UP 也可以写成"mouseUp"
my_btn.addEventListener(MouseEvent.MOUSE_UP, upHandler);
function upHandler(event:MouseEvent):void
{
    trace("鼠标弹起");
}
```

该程序段的执行结果如图 9-4-2 所示。

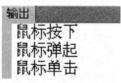

图 9-4-2　运行结果

9.5　案例：打字练习——键盘的控制

【案例目的】通过 ActionScript 代码制作一个随机显示字符然后按下键盘上的按键来达到练习目的的动画。

【知识要点】键盘事件、动态文本的应用。

【案例效果】屏幕上方随机显示要求用户练习的字符，用户输入正确或错误时有不同提示，效果如图 9-5-1 和图 9-5-2 所示。

图 9-5-1　输入正确时的效果

图 9-5-2　输入错误时的效果

【操作步骤】

（1）新建一个 Flash 文档（ActionScript 3.0）。将图层 1 重命名背景，导入"背景"图片到舞台上并将其大小设为与舞台相同的 550×400 像素。

（2）新建"文字"层，输入静态的提示信息，并为其添加"斜角"和"渐变发光"滤镜效果。用椭圆工具和矩形工具绘制一个椭圆形和矩形，设置其笔触样式分别为"点刻线"和"点状线"，粗细根据效果调整到合适大小。

（3）创建两个无边框的动态文本，放置到上步制作好的椭圆形和矩形中，调整到合适大小。实例名称分别为 test_txt、answer_txt（读者可直接打开资源文件包下"9 ActionScript 3.0 提高\素材\打字练习（素材）.fla"，然后在其中做余下步骤即可）。

（4）新建一层，命名为"AS"。选择第一帧，打开"动作"面板，在帧上添加代码。

```
//限定随机生成的字符范围
var testStr:String = "ABCDEFGHIJKLMNOPQRSTUVWXYZabcdefghijklmnopqrstuvwxyz0123456789";
//调用随机生成字符的方法
changeChar();
//为舞台注册事件侦听函数
stage.addEventListener(KeyboardEvent.KEY_DOWN,test);
function test(e:KeyboardEvent)
{
        //fromCharCode()方法返回参数中 Unicode 字符代码表示的字符所组成的字符串
        if (String.fromCharCode(e.charCode) == test_txt.text)
        {
                answer_txt.text = "恭喜你，输入正确!" + "\r" + "继续吧！ ";
                changeChar();
        }
        else
        {
                answer_txt.text = "输入错误，\r" + "再试试吧！ ";
        }

}
function changeChar()
{
        //floor()方法返回由参数所指定的数字或表达式的下限值。
        var ind:Number = Math.floor(Math.random() * testStr.length);
        //charAt()返回由参数指定的位置处的字符。
        if (testStr.charAt(ind) == test_txt.text)
        {
                changeChar();
        }
        else
        {
                test_txt.text = testStr.charAt(ind);

        }
}
```

（5）按 Ctrl+Enter 键预览并测试动画效果，将文件保存为"打字练习.fla"。

9.5.1　Keyboard 类

Keyboard 类不使用构造函数即可使用其方法和属性，要使用这些方法和属性需要使用类名调用。

1. 常用的公共常量

- BACKSPACE:uint = 8：与 Backspace 的键控代码值（8）关联的常数。
- CAPS_LOCK:uint = 20：与 CapsLock 的键控代码值（20）关联的常数。
- CONTROL:uint = 17：与 Ctrl 的键控代码值（17）关联的常数。
- DELETE:uint = 46：与 Delete 的键控代码值（46）关联的常数。
- DOWN:uint = 40：与向下箭头键的键控代码值（40）关联的常数。
- END:uint = 35：与 End 的键控代码值（35）关联的常数。
- ENTER:uint = 13：与 Enter 的键控代码值（13）关联的常数。
- ESCAPE:uint = 27：与 Esc 的键控代码值（27）关联的常数。
- F1:uint = 112：与 F1 的键控代码值（112）关联的常数。同样的，还有 F2 至 F15，键控代码值依次递增。
- HOME:uint = 36：与 Home 的键控代码值（36）关联的常数。
- INSERT:uint = 45：与 Insert 的键控代码值（45）关联的常数。
- LEFT:uint = 37：与向左箭头键的键控代码值（37）关联的常数。
- NUMPAD_0:uint = 96：与数字键盘上的数字 0 的键控代码值（96）关联的常数。同样的，还有NUMPAD_1 至NUMPAD_9 键控代码值依次递增。
- NUMPAD_ADD:uint = 107：与数字键盘上的加号（+）的键控代码值（107）关联的常数。同样，NUMPAD_DIVIDE（除号，键控代码值 111）、NUMPAD_MULTIPLY（乘号，键控代码值 106）、NUMPAD_SUBTRACT（减号，键控代码值 109）。
- NUMPAD_DECIMAL:uint = 110：与数字键盘上的小数点（.）的键控代码值（110）关联的常数。
- NUMPAD_ENTER:uint = 108：与数字键盘上的 Enter 的键控代码值（108）关联的常数。
- PAGE_DOWN:uint = 34：与 PageDown 的键控代码值（34）关联的常数。
- PAGE_UP:uint = 33：与 PageUp 的键控代码值（33）关联的常数。
- RIGHT:uint = 39：与向右箭头键的键控代码值（39）关联的常数。
- SHIFT:uint = 16：与 Shift 的键控代码值（16）关联的常数。
- SPACE:uint = 32：与空格键的键控代码值（32）关联的常数。
- TAB:uint = 9：与 Tab 的键控代码值（9）关联的常数。
- UP:uint = 38：与向上箭头键的键控代码值（38）关联的常数。

2. 常用属性

- capsLock:Boolean：指定激活（true）或不激活（false）Caps Lock。
- numLock:Boolean：指定激活（true）或不激活（false）Num Lock。

9.5.2　KeyboardEvent 类

在 ActionScript 3.0 中，任何对象都可以通过 addEventListener 注册键盘事件。与键盘相关的操作事件都属于 KeyboardEvent 类。若在类中定义鼠标事件，则需要先引入 flash.events. KeyboardEvent 类。

1. 常用的公共常量

- KEY_DOWN:String = "keyDown"：定义 keyDown 事件对象（键盘按键按下事件）的 type 属性值。
- KEY_UP:String = "keyUp"：定义 keyUp 事件对象（键盘按键松开事件）的 type 属性值。

2. 常用属性

- charCode:uint：包含按下或释放的键的字符代码值，为英文键盘值。
- ctrlKey:Boolean：指示 Ctrl 键是处于活动状态（true）还是非活动状态（false）。
- keyCode:uint：按下或释放的键的键控代码值。
- keyLocation:uint：指示键在键盘上的位置。这对于区分在键盘上多次出现的键非常有用。例如，如果此属性的值为 KeyLocation.LEFT 就是左 Shift 键，如果为 KeyLocation. RIGHT 就是右 Shift 键。
- shiftKey:Boolean：指示 Shift 功能键是处于活动状态（true）还是非活动状态（false）。

例如，我们通过下面这段代码可以获得按键"a"的信息。

```
import flash.events.KeyboardEvent;
stage.addEventListener(KeyboardEvent.KEY_DOWN,keyDownFun);
stage.addEventListener(KeyboardEvent.KEY_UP,keyUpFun);
function keyDownFun(e:KeyboardEvent):void
{
    trace("按下键的字符代码值"+e.charCode);
    trace("按下键的键控代码值"+e.keyCode);
    trace("按下键在键盘上的位置"+e.keyLocation);
    trace("ctrl 键的状态"+e.ctrlKey);
    trace("shift 键的状态"+e.shiftKey);
    trace("-----------------------------");
}
function keyUpFun(e:KeyboardEvent):void
{
    trace("松开键的字符代码"+e.charCode);
    trace("松开键的键控代码"+e.keyCode);
}
```

该程序段的执行结果如图 9-5-3 所示。

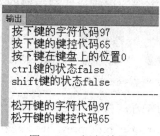

输出
```
按下键的字符代码97
按下键的键控代码65
按下键在键盘上的位置0
ctrl键的状态false
shift键的状态false
----------------------------
松开键的字符代码97
松开键的键控代码65
```

图 9-5-3　运行结果

9.6　案例：音乐播放器——声音的控制

【案例目的】通过 ActionScript 代码调用外部的声音文件，制作一个音乐播放器。通过屏幕上的按钮对音乐进行播放、暂停、上一首、下一首、停止及左右声道的控制。

【知识要点】Sound 对象、SoundChannel 对象、SoundTransform 对象的创建；play()方法、stop()方法、position 属性及 pan 属性的综合应用。

【案例效果】单击屏幕下方的控制按钮控制音乐，效果如图 9-6-1 所示。

【操作步骤】

（1）新建一个 Flash 文档（ActionScript 3.0）。将图层 1 重命名为"背景"，导入"背景"图片到舞台上并将其大小设为与舞台相同的 640×360 像素。

（2）分别制作播放、暂停、上一首、下一首、停止五个按钮元件，其外观形式如图 9-6-1 中的按钮所示，名字分别为 play、pause、prev、next、stop。

图 9-6-1　音乐播放器控制界面

（3）执行"插入"→"新建元件"命令创建名为"声道"的影片剪辑元件，在该元件的 1 至 5 帧绘制如图 9-6-2 所示的图形作为控制播放器声道的元件。

图 9-6-2　"声道"影片剪辑元件 1 至 5 帧的图形

（4）新建"按钮"层，将制作好的按钮与影片剪辑元件放置在相应的位置并调整到合适大小。实例名称分别为：play_btn、pause_btn、prev_btn、next_btn、stop_btn、left_mc、right_mc。（读者可直接打开资源文件包下"9 ActionScript 3.0 提高\素材\音乐播放器（素材）.fla"，然后在其中做余下步骤即可。将声音文件与 SWF 文件放置在同一目录下。）

（5）新建一层，命名为"AS"。选择第一帧，打开"动作"面板，在帧上添加代码。

```
import flash.events.MouseEvent;
import flash.media.SoundChannel;
import flash.media.SoundTransform;
//控制左右声道元件播放头停止在第 3 帧表示左右声道平衡
left_mc.gotoAndStop(3);
right_mc.gotoAndStop(3);
//创建数组保存音乐文件列表以便让用户选择;
var songList:Array = new Array("1.mp3","2.mp3","3.mp3");
var mySound:Sound= new Sound(new URLRequest(songList[0]));;
var mySoundChannel:SoundChannel=new SoundChannel();
var mySoundTransform:SoundTransform=new SoundTransform();
var num:int = 0;
//存放当前音乐播放时间
var currentTime:Number = 0;
//记录当前音乐是否播放
var playStop:Boolean = false;
//注册事件侦听函数
play_btn.addEventListener(MouseEvent.CLICK,playFun);
pause_btn.addEventListener(MouseEvent.CLICK,pauseFun);
stop_btn.addEventListener(MouseEvent.CLICK,stopFun);
next_btn.addEventListener(MouseEvent.CLICK,nextFun);
prev_btn.addEventListener(MouseEvent.CLICK,prevFun);
left_mc.addEventListener(MouseEvent.CLICK,leftFun);
right_mc.addEventListener(MouseEvent.CLICK,rightFun);
function playFun(e:MouseEvent)
{
        if (! playStop)
        {
                mySoundChannel = mySound.play(currentTime);
                playStop = true;
        }
}
function pauseFun(e:MouseEvent)
```

```
{
        currentTime = mySoundChannel.position;
        mySoundChannel.stop();
        playStop = false;
}
function stopFun(e:MouseEvent)
{
        mySoundChannel.stop();
        currentTime = 0;
        playStop = false;
}
function nextFun(e:MouseEvent)
{
        mySoundChannel.stop();
        if (num<songList.length-1)
        {
                mySound = new Sound(new URLRequest(songList[num + 1]));
                num++;
        }
        else
        {
                mySound = new Sound(new URLRequest(songList[0]));
                num = 0;
        }
        mySoundChannel = mySound.play();
}
function prevFun(e:MouseEvent)
{
        mySoundChannel.stop();
        if (num==0)
        {
                mySound = new Sound(new URLRequest(songList[songList.length - 1]));
                num = songList.length - 1;
        }
        else
        {
                mySound = new Sound(new URLRequest(songList[num - 1]));
                num--;
        }
        mySoundChannel = mySound.play();
}
function leftFun(e:MouseEvent)
{
        if (left_mc.currentFrame < 5)
        {
                left_mc.nextFrame();
                right_mc.prevFrame();
                if (mySoundTransform.pan > -1)
```

```
        {
                mySoundTransform.pan=Math.round((mySoundTransform.pan*10)-5)/10;
                mySoundChannel.soundTransform = mySoundTransform;
        }
    }
}
function rightFun(e:MouseEvent)
{
    if (right_mc.currentFrame < 5)
    {
        right_mc.nextFrame();
        left_mc.prevFrame();
        if (mySoundTransform.pan < 1)
        {
                mySoundTransform.pan=Math.round((mySoundTransform.pan*10)+5)/10;
                mySoundChannel.soundTransform = mySoundTransform;
        }
    }
}
```

（6）按 Ctrl+Enter 键预览并测试动画效果，将文件保存为"音乐播放器.fla"。

9.6.1　Sound 类

在动画文件中加入声音效果会更加引人入胜，用户在前面章节中已经学习了声音文件的基本使用方法，但是用户如果想在动画运行过程中对声音进行更为复杂的控制，就可以使用与声音相关的类。ActionScript 3.0 将控制声音的类封装在 flash.media 包中。首先我们来学习一下 Sound 类。

Sound 类允许用户在应用程序中使用声音。使用 Sound 类可以创建新的 Sound 对象、将外部的 MP3 文件加载到该对象并播放该声音文件、关闭声音流，以及访问有关声音的数据。

1. 创建 Sound 类的对象

要创建 Sound 类的对象就要使用其构造函数，语法格式如下：

```
Sound(stream:URLRequest = null, context:SoundLoaderContext = null)
```

参数说明：

● stream:URLRequest (default = null)：使用 URLRequest 类所提供的外部 MP3 文件的 URL。如果使用的是有效的 URLRequest 对象，该构造函数将自动调用 Sound 对象的 load()函数。否则，必须自己调用 Sound 对象的 load()函数才能加载外部的声音文件。

● context:SoundLoaderContext (default = null)：MP3 数据保留在 Sound 对象的缓冲区中的最小毫秒数，默认值为 1000 毫秒。在开始播放以及在网络中断后继续回放之前，Sound 对象将一直等待直至至少拥有这一数量的数据才开始继续播放。

例如：

```
import flash.net.URLRequest;
import flash.media.Sound;
```

```
//创建 URLRequest 类的对象，指定声音文件的位置。
var myURL:URLRequest = new URLRequest("高山流水.mp3");
//创建 Sound 类的对象，同时加载外部声音文件
var mySound:Sound = new Sound(myURL);
//播放声音
mySound.play();
```

注意：加载完成的声音文件需要调用 Sound 类的 play()方法才能播放。另外，我们习惯上会把声音文件与最终的 SWF 文件放在相同路径下。如果不在同一路径下就需要指明路径了，比如，如果声音文件在 D 盘上，则参数应为 "D:\\高山流水.mp3"。

2. 常用属性

- bytesLoaded:uint：获取此声音对象中当前可用的字节数，通常只对从外部加载的文件有用。
- bytesTotal:int：获取此声音对象中总的字节数。
- length:Number：当前声音的长度，单位为毫秒。
- url:String：从中加载此声音的 URL。此属性只适用于使用 Sound.load()方法加载的 Sound 对象。对于与 SWF 库的声音资源关联的 Sound 对象，URL 属性的值为 null。

3. 常用方法

- play(startTime:Number = 0, loops:int = 0, sndTransform:SoundTransform = null):SoundChannel：播放 Sound 类中加载的声音文件，并返回一个 SoundChannel 对象来控制该声音。其中，startTime 表示声音文件开始播放的初始位置，单位为毫秒；loops 为声音文件的播放次数，默认值为 0 表示无限次；sndTransform 分配给该声道的初始 SoundTransform 对象。
- load(stream:URLRequest, context:SoundLoaderContext = null):void：启动从指定 URL 加载外部 MP3 文件的过程。一旦对某个 Sound 对象调用了 load()，就不能再将另一个声音文件加载到该 Sound 对象中。若要加载另一个声音文件，用户就要创建新的 Sound 对象。
- close():void：关闭该流，停止当前正在播放的声音文件，从而停止所有数据的下载。

例如：

```
import flash.net.URLRequest;
import flash.media.Sound;
//创建 URLRequest 类的对象，指定声音文件的位置
var myURL:URLRequest = new URLRequest("高山流水.mp3");
//创建空的 Sound 类的对象
var mySound:Sound = new Sound();
//加载外部声音
mySound.load(myURL);
//播放声音
mySound.play();
```

4. 常用事件

- complete：加载完声音文件后触发该事件。

- open：在加载操作开始时触发该事件。
- progress：在加载操作进行过程中接收到数据时触发该事件，用于跟踪加载进度。

9.6.2 SoundChannel 类

该类用于控制应用程序中的声音，比如可以控制 Sound 类中所播放声音的音量大小及左右声道的声音幅度。该类的对象可以通过调用 Sound 类对象的 play()方法创建。

1. 常用属性
- leftPeak:Number：左声道的当前音量，范围从 0（静音）至 1（最大音量）。
- position:Number：该声音中播放头的当前位置。
- rightPeak:Number：右声道的当前音量，范围从 0（静音）至 1（最大音量）。
- soundTransform:SoundTransform：分配给该声道的 SoundTransform 对象。该对象用于控制和调节音量。

2. 常用方法
- stop():void：停止在该声道中播放声音。

3. 常用事件
- soundComplete：在声音完成播放后调度。

9.6.3 SoundTransform 类

该类用于初始化声音的播放声道并控制双声道音乐的播放方式以及音量。

1. 创建 SoundTransform 类的对象

要创建 SoundTransform 类的对象就要使用其构造函数。语法格式如下：

```
SoundTransform(vol:Number = 1, panning:Number = 0)
```

参数说明：
- vol:Number（默认值为1）：音量范围从 0（静音）～1（最大音量）。
- panning:Number（默认值为0）：声音从左到右的平移，范围从-1（左侧最大平移）～1（右侧最大平移）。值 0 表示没有平移（居中）。

2. 常用属性
- leftToLeft:Number：指定了左声道音频在左扬声器里播放的音量，范围从 0（静音）～1（最大音量）。
- leftToRight:Number：指定了左声道音频在右扬声器里播放的音量，范围从 0（静音）～1（最大音量）。
- pan:Number：声音从左到右的平移，范围从-1（左侧最大平移）～1（右侧最大平移）。
- rightToLeft:Number：指定了右声道音频在左扬声器里播放的音量，范围从 0（静音）～1（最大音量）。
- rightToRight:Number：指定了右声道音频在右扬声器里播放的音量,范围从 0（静音）～

1（最大音量）。

- volume:Number：音量范围从 0（静音）～1（最大音量）。

习题 9

一、填空题

1. 设置影片剪辑的透明度可以用_____属性。
2. height、width 属性分别用来设置影片剪辑的_____和_____。
3. 利用_____和_____可以用来隐藏和显示鼠标。
4. 要对影片剪辑进行拖放需要使用_____和_____。
5. 继承的作用是_____。

二、简答题

1. 什么是类？什么是对象？二者的关系是什么？
2. 简述包的作用。
3. 如何用声音类加载并播放声音文件？

三、操作题

1. 制作一个飞翔的鸟的影片剪辑，然后在舞台上使用一系列的播放按钮对其进行控制。要求：单击"播放"按钮让其飞行；单击"停止"按钮让其停止飞行；单击"前进"按钮让其向前飞行一帧；单击"后退"按钮让其向后退一帧；单击"跳转"按钮让其向前跳到第 20 帧处并继续播放。界面效果如图 1 所示。

播放　　停止　　前进　　后退　　跳转

图 1　动画界面

2. 制作一个新年倒计时，效果如图 2 所示。

图 2　动画界面

10

组件的应用

学习目标

- 了解组件的概念及类型
- 掌握 UI 组件的使用

重点难点

- UI 组件的使用

10.1　组件概述

在 Flash CS6 中，若想使动画具备某种特定的交互功能，除了为动画中的帧、按钮或影片剪辑添加 ActionScript 脚本外，还可以通过 Flash 提供的各种组件来实现。用户只需根据动画的实际情况，在场景中添加相应类型的组件，并为组件添加适当的脚本即可。有了组件，用户无需在类似的元件构建上浪费时间，而只要利用组件去构建自己的用户界面就可以了。所以在动画制作的过程中，合理利用组件不但有效地利用了已有的资源，还能在很大程度上提高动画的制作效率。

10.1.1　什么是组件

组件是 Flash CS6 中重要的组成部分，用户在制作交互式动画时，组件通常与 ActionScript 脚本配合使用，用户通过对组件参数的设置，并将从组件所获取的信息传递给相应的 ActionScript 脚本，最终再通过 ActionScript 脚本执行相应的操作，就能实现最基本的交互功能。用户掌握了 ActionScript 脚本和组件的基本应用，就可以更好地制作 Flash 交互动画。

10.1.2　组件的类型

在 Flash CS6 中，组件的类型包括 Flex 组件、User Interface 组件（即 UI 组件）和 Video 组件，如图 10-1-1 所示。在这三种组件类型中，大部分交互操作都通过 UI 组件来实现，因而在交互动画方面，UI 组件是最常用的组件。Video 组件通常只在涉及到视频交互控制时才会应用。限于篇幅，本章只重点介绍 UI 组件。

具体功能及含义如下：

● UI 组件：User Interface 组件用来设置用户界面，并通过界面使用户与应用程序进行交互操作，Flash 中的很多交互设计，都可以通过该组件完成。在 UI 组件中，主要包括 Button、CheckBox、ComboBox、RadioButton、List、Label、TextArea 和 TextInput 等，如图 10-1-2 所示。

● Video 组件：视频组件，该组件是多媒体组件，主要用于与各种多媒体制作及播放软件等进行交互操作。在 Video 组件中，主要包括 FLVPlayback、FLVPlaybackCaptioning、BackButton、PauseButton、SeekBar 以及 FullScreenButton 等交互组件，如图 10-1-3 所示。

图 10-1-1　Flash CS6 组件

图 10-1-2　UI 组件

图 10-1-3　Video 组件

10.2　案例：利用组件制作用户信息表实例——组件的应用

【案例目的】使用组件制作一个可以让用户输入的信息表，并可以获取用户信息。

【知识要点】UI 组件的使用，ActionScript 3.0 脚本实现交互。

【案例效果】效果如图 10-2-1 所示。

图 10-2-1　用户信息表效果

【操作步骤】

（1）新建一个 Flash 文档（ActionScript 3.0）。

（2）导入"用户信息.jpg"图片，将图层名称改为"背景"。

（3）插入新的图层并命名为"文本"。在工具栏中选择文本工具，输入相对应的文字，其中文本包括"获取用户信息"、"姓名"、"生日"、"性别"、"爱好"、"职业"和"自我介绍"，如图 10-2-1 所示。

（4）插入新的图层并命名为"组件"。选择"窗口"→"组件"命令或按 Ctrl+F7 键可以打开或隐藏"组件"面板。

（5）在"姓名"、"生日"后均选择文本输入组件（Textlnupt），在属性中命名为"aname"、"year"，"组件参数"中属性值选择默认值。

（6）在"性别"后选择单选项组件（RadioButton），在属性中命名"man"，"组件参数"中"label"为"男"。以同样的方法制作"女"单选框，命名为"woman"。

（7）在"爱好"后选择复选框组件（CheckBox），在属性中命名"a1"，"组件参数"中"label"为"旅游"。以同样的方法制作"游戏"、"阅读"、"音乐"复选框，命名分别为"a2,a3,a4"。

（8）在"职业"后选择下拉列表框组件（ComboBox），在属性中命名"job"，"组件参数"如图 10-2-2 所示。

（9）在"自我介绍"下选择文本显示组件（TextArea），在属性中命名"myself"，"组件参数"中"horizontalScrollPolicy"、"verticalScrollPolicy"值分别选择"off"、"on"。

（10）在"获取信息"按钮选择按钮组件（Button），在属性中命名"take"，"组件参数"中"label"为"获取信息"。

（11）"获取信息"下的文本显示框选择 TextArea 组件。

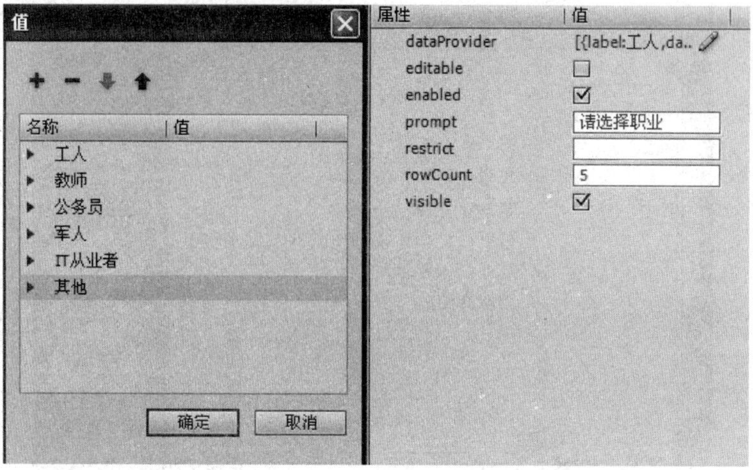

图 10-2-2　下拉列表框组件

（12）插入新的图层并命名为"脚本"，选择第一帧，打开"动作"面板，在帧上添加代码。

```
var sect:String=" ";
var interest:String=" ";
function aman(event:MouseEvent):void {
    sect="男";
}
man.addEventListener(MouseEvent.CLICK,aman);
function awoman(event:MouseEvent):void {
    sect="女";
}
woman.addEventListener(MouseEvent.CLICK,awoman);
function taketext(event:MouseEvent):void {
    if (a1.selected ==true) {
        interest=interest+"旅游    ";
    }
    if (a2.selected ==true) {
        interest=interest+"游戏    ";
    }
    if (a3.selected ==true) {
        interest=interest+"阅读    ";
    }
    if (a4.selected ==true) {
        interest=interest+"音乐    ";
    }
    final.text="姓名:"+aname.text+"\r年龄:"+year.text+"\r性别:"+sect+"\r你的爱好:"+interest+"\r你的职业:"+job.text
+"\r你的自我介绍："+myself.text;
    interest="";
}
take.addEventListener(MouseEvent.CLICK,taketext);
```

（13）按 Ctrl+Enter 键预览并测试动画效果，将文件保存为"制作用户信息表.fla"。

在 Flash CS6 的 UI 组件中，常用组件包括 Button 组件、CheckBox 组件、ComboBox 组件、List 组件、RadioButton 组件、Label 组件、TextArea 组件、TextInput 组件。

常用组件

1．Button 组件

Button 组件是 Flash 组件中比较简单的一个组件，类似于按钮元件。按 Ctrl+F7 键打开"组件"面板，选择 Button 组件，按住鼠标左键不松开将其拖动到场景中即可完成按钮的创建，选中组件，打开"属性"面板，可以根据参数标签设置参数，如图 10-2-3 所示。

图 10-2-3　Button 组件外观及组件参数

Button 组件常用参数的具体功能及含义如下：

● emphasized：用于指定当按钮处于弹起状态时，Button 组件周围是否有边框。当选中时表示按钮处于弹起状态时，在 Button 组件四周显示边框；不选就不显示边框。其默认不选。

● enabled：默认为选中状态，取消的话组件不可用且呈透明样。

● label：用于设置 Button 组件上文本的值，默认值为 Label。

● labelPlacement：用于确定按钮上的文本相对于图标的方向，可以选择 left、right、top 或 bottom。默认值为 right。

- selected：可以根据 toggle 的值设置 Button 组件是被按下还是被释放，默认为不选。
- toggle：用于确定是否将 Button 组件转变为切换开关。如果为不选状态，则 Button 组件按下后马上弹起；如果为选中状态，则按下后保持按下状态，直到再次按下时才返回到弹起状态，默认为不选。
- visible：用于确定组件是否可见，其默认为选中状态。

2. CheckBox 组件

CheckBox 组件主要用于设置复选框，可选择一个或多个项目，对指定对象的多个数值进行设置，如图 10-2-4 所示。

图 10-2-4　CheckBox 组件外观及组件参数

CheckBox 组件常用参数的具体功能及含义如下：

- enabled：默认为选中状态，取消的话组件不可用且呈透明样。
- label：设置复选框上文本的值。默认值为 Label。
- lablePlacement：用于确定组件上文本的位置，可以选择 left、right、top 或 bottom。默认值为 right。
- selected：用于设定组件的初始值是选中状态还是不选状态。默认为不选状态。

3. ComboBox 组件

ComboBox 组件与下拉列表框类似，通过单击右侧的下拉按钮，可打开下拉列表并显示相应的选项，通过选择选项获取所需的数值，如图 10-2-5 所示。

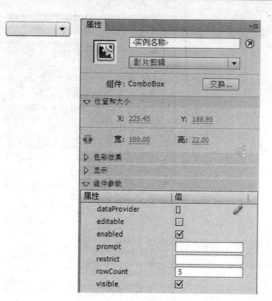

图 10-2-5　ComboBox 组件外观及组件参数

ComboBox 组件常用参数的具体功能及含义如下：

- dataProvider：用于设置下拉菜单选项，单击 进入"值"对话框。
- editable：用于确定用户是否可以在下拉列表框中输入文本。若为选中状态表示可以输入，否则不可以输入，默认为不选状态。
- enabled：默认为选中状态，取消的话组件不可用且呈透明样。
- prompt：用于设置 ComboBox 组件的提示，默认为无输入，组件显示列表中第一个数据。如果有输入，组件就会显示该提示。
- rowCount：设置在不使用滚动条时，下拉列表中最多可以显示的项目数量，默认为 5。

4．List 组件

List 组件用于创建一个可滚动的单选或多选列表框，用户可以在创建的列表中选择一项或多项，如图 10-2-6 所示。

List 组件常用参数的具体功能及含义如下：

- allowMultipleSelection：用于确定是否可同时选择多个选项。如果为选中状态，则可以通过按住 Shift 或 Ctrl 键来选择多个选项。默认为不选状态。
- dataProvider：用于设置列表数据的值数组，单击 进入"值"对话框。
- enabled：默认为选中状态，取消的话组件不可用且呈透明样。
- horizontalLineScrollSize：用于设置当单击列表框中水平滚动箭头时，水平方向上滚动的内容量，该值以像素为单位。默认值为 4。
- verticalLineScrollSize：用于设置当单击列表框中垂直滚动箭头时，垂直方向上滚动的内容量，该值以像素为单位。默认值为 4。

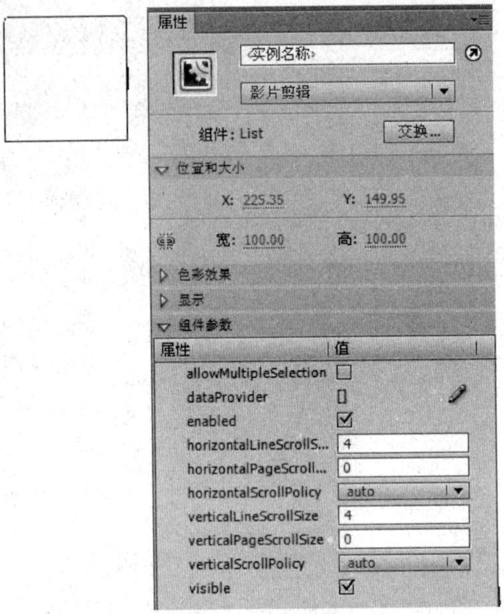

图 10-2-6　List 组件外观及组件参数

- horizontalPageScrollSize：用于设置按下滚动条轨道时，水平滚动条上滚动滑块要移动的像素数。其默认值为 0。
- verticalPageScrollSize：用于设置按下滚动条轨道时，垂直滚动条上滚动滑块要移动的像素数。其默认值为 0。
- horizontalScrollPolicy：用于设置是否打开水平滚动条，有 on、off 和 auto 这 3 个选项。其默认值为 auto。
- verticalScrollPolicy：用于设置是否打开垂直滚动条，有 on、off 和 auto 这 3 个选项。其默认值为 auto。

5. RadioButton 组件

RadioButton 组件用于设置一系列可选择的项目，并且让用户从中做出一个选择，与单选按钮相同，如图 10-2-7 所示。

RadioButton 组件常用参数的具体功能及含义如下：

- groupName：用于指明 RadioButton 组件所属的组名，在同一组中只能选择一个 RadioButton 组件。默认值为 RadioButtonGroup。
- label：用于设置组件上的文本内容。默认值是 Label。
- lablePlacement：确定组件上文本的位置，可以选择 left、right、top 或 bottom。默认值为 right。
- selected：用于设定组件的初始值是选中状态还是不选状态。默认为不选。
- value：用于设置组件的对应值。

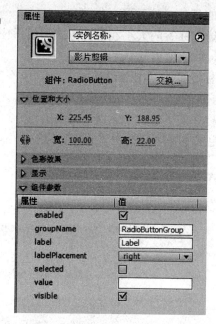

图 10-2-7   RadioButton 组件外观及组件参数

6. Label 组件

Label 组件用来显示一个标签，如图 10-2-8 所示。在动画制作中，经常使用一个 Label 组件为另一个组件创建文本标签。

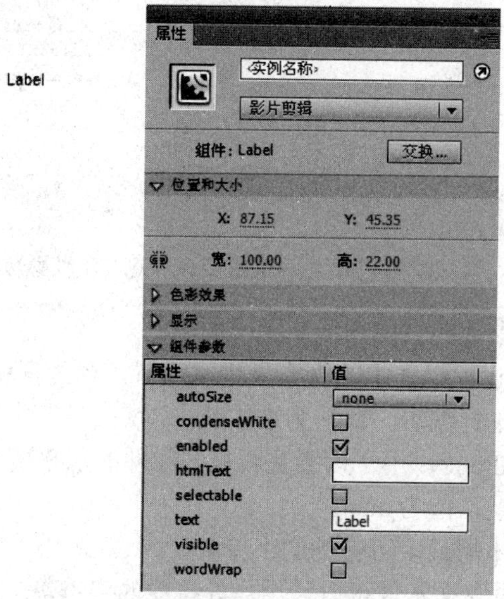

图 10-2-8   Label 组件外观及组件参数

Label 组件常用参数的具体功能及含义如下：

- autoSize：用于确定标签的大小和对齐方式如何适应文本，可以从 none、left、center 或 right 中选择。默认值为 none。
- htmlText：设定标签是否采用 HTML 格式。
- selectable：设定文字是否可选。默认为不选状态。
- text：用来设置标签的内容。默认为 Label。
- wordWrap：设定文本是否支持自动换行。默认为不选。

7. TextArea 组件

TextArea 组件用于创建一个文本域，具有边框和选择性的滚动条，如图 10-2-9 所示。在需要多行文本字段的地方都可以使用该组件。

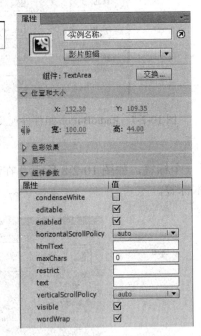

图 10-2-9　TextArea 组件外观及组件参数

TextArea 组件常用参数的具体功能及含义如下：

- editable：用于设置组件中的文本是否可编辑，当为选中状态时表示用户可以编辑文本；否则不能进行编辑。默认为选中状态。
- horizontalScrollPolicy：用于设置是否打开组件的水平滚动条，可以选择 on、off 或 auto 这 3 个选项。默认值为 auto。
- maxChars：文本域最多可容纳的字符数。
- restrict：用于设置文本域可以从用户处接受的字符。
- text：组件的文本内容。

● verticalScrollPolicy：用于设置是否打开组件的垂直滚动条，可以选择 on、off 或 auto 这 3 个选项。默认值为 auto。

8．TextInput 组件

TextInput 组件用于创建单行文本字段，如图 10-2-10 所示。在需要单行文本字段的地方可以使用该组件。

图 10-2-10　TextInput 组件外观及组件参数

TextInput 组件常用参数的具体功能及含义如下：

● displayAsPassword：设定组件的文本字段是否隐藏为密码字段。默认为不选状态。
● editable：用于设置组件中的文本是否可编辑，当为选中状态时表示用户可以编辑文本；否则不能进行编辑。默认为选中状态。
● maxChars：文本字段中最多可容纳的字符数。
● restrict：用于设置文本字段可以从用户处接受的字符。
● text：组件的文本内容。

习题 10

一、填空题

1．在 Flash CS6 中，组件的类型包括_____、_____和_____。
2．Button 组件的_____参数控制按钮是否可以显示。

3．TextArea 组件的＿＿＿＿＿＿参数用于设置是否允许用户编辑文本。

4．CheckBox 组件的＿＿＿＿＿＿参数用于确定 CheckBox 组件的初始状态为选中或取消选中。

5．ComboBox 组件的 rowCount 参数用于确定不使用滚动条时，下拉列表中最多可以显示的项目数量，默认值为＿＿＿＿＿＿。

二、简答题

1．RadioButton 组件的用途是什么？

2．简述 ComboBox 组件的基本用法。

3．TextArea 组件和 TextInput 组件的区别是什么？

三、操作题

1．创建并设置一个"欢迎你"的按钮，如图 1 所示。

2．创建并设置一个下拉列表框，实现性别的选择，如图 2 所示。

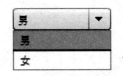

图 1　按钮

图 2　性别选择框

3．创建并设置一个文本框，用户可以输入姓名。

11

动画测试与发布

学习目标

- 了解动画测试的过程
- 理解动画的优化
- 掌握动画的发布设置及发布

重点难点

- 动画的测试
- 动画的发布

11.1 案例：蝴蝶飞舞——动画的测试与优化

【案例目的】动画的测试。

【知识要点】测试动画。

【案例效果】效果如图 11-1-1 所示。

【操作步骤】

（1）打开资源文件包下"7 特殊动画制作\源文件\蝴蝶飞舞.fla"。

（2）执行"控制"→"测试影片"→"测试"命令或按 Ctrl+Enter 键，预览并测试动画效果。

图 11-1-1　测试影片

11.1.1 动画的测试

在使用 Flash 进行动画制作时，为了随时检查制作效果，需要测试影片。执行"控制"→"测试影片"→"测试"命令或按 Ctrl+Enter 键。Flash CS6 会调用播放器来测试整个影片，起到预览作用。另外，如果作品要发布到网站上，为了防止作品加载速度过慢，就可以在预览测试时全真模拟网络下载的速度。在这个模拟环境中可以发现是否有延迟的现象，从而找出影响速度的原因，解决问题。在 Flash Player 播放器面板中，执行"视图"→"带宽设置"命令，可以打开下载性能图表。

下载性能图表有两种形式：

1. 帧数图表

如果将"视图"→"帧数图表"勾选上，下载性能图表如图 11-1-2 所示，该视图是用逐帧的方式显示动画带宽情况。

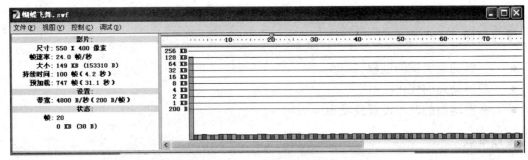

图 11-1-2　帧数图表

（1）面板左侧用来显示动画与带宽的相关信息，主要包括：

- 影片栏：用来显示被测试动画的信息。
- 设置栏：显示当前的带宽设置。
- 状态栏：显示播放状态和当前帧的信息。

（2）面板右侧用图形的方式表示动画带宽的详细情况。标尺表示下载的情况，矩形块表示相应帧中信息量的大小。如果有矩形超过图中所示的红线则表示该帧在默认的 56K 带宽下可能会出现停顿现象，这样就会导致动画播放到此处时必须等待该帧下载完毕。单击矩形，则面板左侧会显示相应帧的详细信息。

2. 数据流图表

如果将"视图"→"数据流图表"勾选上，数据流图表如图 11-1-3 所示，该视图是用数据流的方式显示动画带宽情况。在图表中交替显示的淡灰色和深灰色块，代表各个帧。由于该方式是采用数据流的查看方式，所以超过红线的部分更应该引起重视。

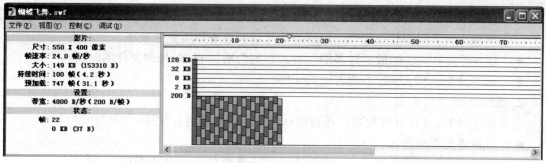

图 11-1-3　数据流图表

注意：以上动画测试时默认带宽为 56K，但是网速不是固定的，用户要考虑到不同网速的情况。用户可以通过"视图"→"下载设置"来模拟不同的网络带宽下动画运行速度。如图 11-1-4 所示。

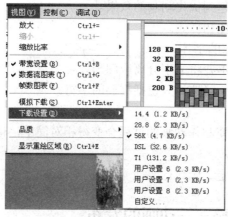

图 11-1-4　下载设置

11.1.2　动画的优化

对于动画的测试，最终目的是发现不足之处，然后对动画进行优化，可以从以下几个方面来对动画进行优化。

1. 总体上的优化

这种优化对于每个动画都适用，主要有：

● 对于多次使用的对象，尽可能地转换为元件。多次使用元件不会使文件体积明显加大且元件只需要在库中保存一次。

● 尽可能地使用补间动画而避免使用逐帧动画，补间动画的过渡帧是系统计算好的，数据量相对较小。

● 使用声音时，尽可能使用 MP3 格式。在相同质量下，MP3 文件体积较小。

- 尽量减少位图的使用。如果将位图转化为矢量图，在满足动画要求的前提下，也要尽量减少矢量图的复杂程度，用尽可能简洁的线条和填充来表现。
- 尽量不要在同一帧放置过多的元件，否则会增加 Flash 处理文件的时间。
- 减少渐变色和 Alpha 不透明度的使用。

2．元素和线条的优化

在总体上对 Flash 进行优化后，还可以从细节上对动画进行优化。

- 尽量将元素组合。
- 将整个动画过程中静止的元素和变化的元素放在不同的图层中。
- 减少特殊线条类型的使用。
- 可以执行"修改"→"形状"→"优化"命令或按 Ctrl+Alt+Shift+C 键，对线条进行优化。

3．文本和字体

适当注意文字，也可以起到优化动画的效果。

- 不要使用太多的字体和样式。
- 尽量使用 Flash 内部的字体。
- 无特殊需要，尽量不要将文字分离成图形。
- 对于嵌入字体选项，可选择只包括需要的字符。

4．脚本

恰当使用脚本，不仅会使制作动画的过程会变得相对简单，也可以起到优化动画的作用。

- 尽量使用本地变量。
- 为重复使用的代码定义函数。

11.2　案例：蝴蝶飞舞——动画的发布

【案例目的】动画的发布。

【知识要点】发布动画。

【案例效果】效果如图 11-2-1 所示。

蝴蝶飞舞.fla　　　蝴蝶飞舞.html　　　蝴蝶飞舞.swf

图 11-2-1　自动生成动画文件

【操作步骤】

（1）打开资源文件包下"7 特殊动画制作\源文件\蝴蝶飞舞.fla"。

　　（2）执行"文件"→"发布"命令或按 Alt+Shift+F12 键，就可以按事先设置好的格式发布动画了，这里按默认设置创建一个 SWF 文件和一个 HTML 文件。

动画的发布

　　在对动画测试并优化完成后，就可以对作品进行发布了。可以通过"文件"→"发布"命令将动画发布成不同的格式，默认情况下，"发布"命令会创建一个 SWF 文件和一个 HTML 文档。除了默认格式外，还可以发布成 GIF 图像、JPEG 图像、PNG 图像、Win 放映文件和 Mac 放映文件。如果想发布成其他格式可以执行"文件"→"发布设置"命令打开"发布设置"对话框进行设置，如图 11-2-2 所示。其中：

- 配置文件：选择发布格式的配置方案。可以单击 ⚙ 按钮创建新的配置方案或导入导出已经存在的配置方案。
- 目标：选择发布目标平台的 Flash Player 播放器版本等。
- 脚本：选择 ActionScript 的版本。如果选择了 ActionScript 2.0 或 ActionScript 3.0 可以单击 🔧 按钮对 ActionScript 进行设置。
- 输出文件：是发布文件的目标位置，一般情况选择默认，可以单击 📁 按钮进行设置。

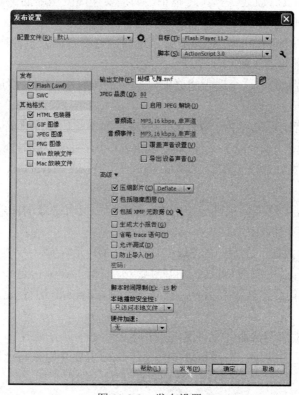

图 11-2-2　发布设置

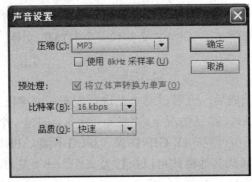

图 11-2-3　"声音设置"对话框

下面来了解一下常用格式的设置。

1. 发布为 SWF 文件格式

在"发布设置"对话框中选择"发布"下的"Flash(.swf)"复选框，该选项为默认选中状态，无需修改，单击该标签，显示其设置，如图 11-2-2 所示。其中，常用的设置有：

- JPEG 品质：控制位图的压缩，可调整范围为 0～100，可以调整滑块或直接输入数值。图像质量越高文件就越大，反之越小。如果要使高度压缩的 JPEG 显得更加平滑，就选择"启用 JPEG 解决"。

- 音频流和音频事件：可以为 SWF 文件中的所有声音流或事件声音进行采样率和压缩的设置，如图 11-2-3 所示。

- 覆盖声音设置：选中这个选项将强制动画中的所有声音都使用这里的设置，而忽略针对个别声音指定的设置。

- 导出设备声音：导出适合于移动设备的声音而不是原始库声音。

- 压缩影片：用来压缩 SWF 文件以减少文件大小，缩短下载时间。有两个选项：Deflate 和 LZMA。后者效率比前者高 40%，但它只与 Flash Player11.x 和以上或 AIR3.x 和以上版本兼容。

- 包括隐藏图层：选择该项则导出的 Flash 文档中所有隐藏的图层。不选则不会导出文档中标记为隐藏的图层。

- 包括 XMP 元数据：在发布的 SWF 中包括 XMP 元数据。

- 生成大小报告：生成一个报告，包括帧、场景等的详细信息。

- 省略 trace 语句：忽略跟踪指令。选择此选项，trace 语句将不会在"输出"面板有输出信息。

- 允许调试：激活调试器并允许远程调试 SWF 文件。

- 防止导入：选中此项，密码框就能用了。该项主要是用来防止别人把做好的 SWF 文件导入并将其转为 Flash 文档，从而保护作者的知识产权。但是可以通过密码来导入 SWF 文件。

2. 发布为 HTML 文件

在发布设置对话框中选择"发布"下的"HTML 包装器"复选框，该选项为默认选中状态，无需修改，单击该标签，显示其设置，如图 11-2-4 所示，其中，常用的设置有：

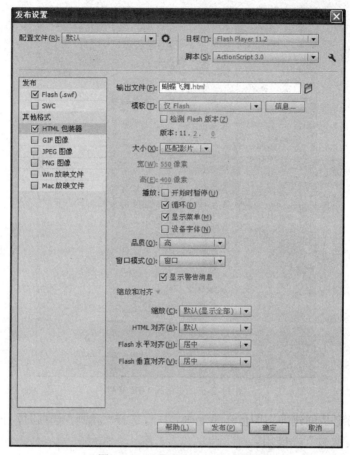

图 11-2-4　发布为 HTML 文件

- 模板：提供了多种模板，可以通过下拉按钮进行选择。单击"信息"按钮可以查看对应模板的介绍。
- 大小：设置动画文件的尺寸。有三种选择："匹配影片"指的是与动画制作中的场景大小一致；"像素"选项可以在宽和高中输入像素值进行设置；"百分比"选项可以在宽和高中输入百分比进行设置。
- 播放：用来设置播放属性。"开始时暂停"会在动画开始播放时不自动播放，需要手动选择；"循环"会让动画循环播放；"显示菜单"可以在动画里右击显示完整的菜单；"设备字体"当动画播放系统没有动画中使用的字体时可以用系统字体替换。
- 品质：设置动画文件的播放质量。

3. 发布为 GIF 文件

在发布设置对话框中选择 "GIF 图像" 复选框, 单击该标签, 显示其设置, 如图 11-2-5 所示。其中, 常用的设置有:

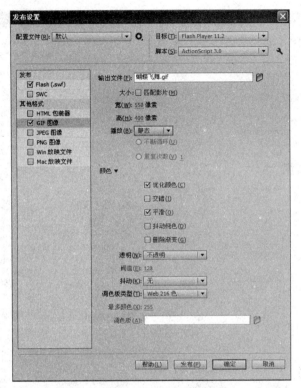

图 11-2-5　发布为 GIF 文件

- 播放: 确定是创建静态图像还是动画。只有选择 "动画" 选项时, 下面的 "不断循环" 和 "重复次数" 才能用。
- 优化颜色: 从 GIF 文件的颜色表删除没有使用过的颜色。
- 平滑: 消除输出的位图的锯齿, 可以提高位图图像的质量。

习题 11

一、填空

1. 动画测试可以使用的快捷键是_____。
2. Flash 文件发布成_____格式, 可以在浏览器中查看。
3. Flash 文件发布成_____格式, 可以对其大小、颜色进行设置。

二、简答

1．如果要对动画进行优化可以从哪些方面入手？
2．Flash 可以将文件发布成多种格式，简述各种格式的区别。

三、操作题

从前面章节所讲示例中选择一个，发布为不同类型的文件，体会各类型文件之间的区别。